普洱茶艺术

张春花 ◎ 著

中国商业出版社

图书在版编目（CIP）数据

普洱茶艺术 / 张春花著． -- 北京：中国商业出版社，2025．5．-- ISBN 978-7-5208-2960-1

Ⅰ．TS971.21

中国国家版本馆 CIP 数据核字第 2024335DQ7 号

责任编辑：吴　倩

中国商业出版社出版发行
（www.zgsycb.com　100053　北京广安门内报国寺1号）
总编室：010-63180647　　编辑室：010-83128926
发行部：010-83120835/8286
新华书店经销
三河市悦鑫印务有限公司印刷
*
710毫米×1000毫米　　16开　12印张　212千字
2025年5月第1版　2025年5月第1次印刷
定价：78.00元
****
（如有印装质量问题可更换）

前言

PREFACE

  在华夏大地上，普洱茶以其独特的魅力和深厚的文化底蕴，成为茶文化中不可或缺的一部分。它不仅是一种饮品，更是一种生活的艺术，一种心灵的寄托。在茶的世界里，普洱茶宛如一位穿越时空的智者，见证着历史的变迁，承载着民族的记忆。为了更深入地探索普洱茶的奥秘，传承茶道精神，出版《普洱茶艺术》一书。本书通过图文展现普洱茶的艺术之美，并分享冲泡、品鉴、选购等方面的技巧。

  冲泡普洱茶，是一种生活的享受，也是一种艺术的展现。在泡茶过程中，我们要注重水质、水温、投茶量、浸泡时间等要素的把握。优质的水源是泡茶的基础，而适宜的水温则能够充分激发出茶叶的香气和滋味。同时，投茶量的多少也要根据茶具的大小和个人的口味来决定。在浸泡过程中，我们要用心感受茶叶在水中的变化，控制出汤的时间，使每一泡茶水都能够呈现出最佳的风味。

  品鉴普洱茶，是一种感官的盛宴，一种心灵的交流。在品茶时，我们要注重观色、闻香、品味、赏韵等方面的体验。普洱茶的汤色应该红浓明亮，香气独特而持久，滋味醇厚而回甘。同时，我们还要关注茶叶在口中的变化和余味的持久性，感受其独特的韵味和风情。在品鉴过程中，我们要保持内心的平静，用心去感受茶叶的每一个细节，与茶对话，与自然交融。

  选购普洱茶，是一种智慧的体现，一种选择的艺术。在选购时，我们要注重对茶叶的产地、年份、品质等方面的考察。优质的普洱茶往往来自云南的大叶种茶树，经过精心采摘和制作而成。同时，我们还要关注茶叶的年份和存储情况，选择适合自己口味和需求的产品。在选购过程中，我们可以多咨询茶农、茶商和专家的意见，结合自己的品鉴经验来做出明智的选择。

在探索普洱茶的审美艺术和文化内涵方面，本书将深入挖掘其与文学、哲学的深刻联系。普洱茶不仅是一种饮品，更是一种文化的象征、一种精神的寄托。在品茗的过程中，我们可以感受普洱茶所带来的心灵宁静与洗涤，领略茶道之美与人生哲理的交融。

本书不仅深入探讨了普洱茶的起源传说与历史演变，还详细解析了普洱茶在冲泡、品鉴、选购等方面的技巧和方法。我们希望通过这些内容，引领读者走进普洱茶的世界，感受其独特的韵味与风情，领略茶道之美，体验冲泡之雅。

虽然在写作过程中付出了诸多努力，但难免会有疏漏和不足之处。衷心希望广大读者在阅读本书时，能够给予宝贵的意见和建议，以便本书在未来的修订中不断完善和提升。

作　者

2024 年 3 月

目 录
CONTENTS

第一章 普洱茶之源流 ··· 1
    第一节 普洱茶的神秘起源与浪漫传说 ····················· 1
    第二节 普洱茶在历史长河中的演变 ························· 12

第二章 叶间风华——普洱茶的品鉴、收藏与选购 ········ 18
    第一节 普洱茶的主要成分 ·· 18
    第二节 普洱茶的品鉴与欣赏 ···································· 25
    第三节 普洱茶的选购要点 ·· 45
    第四节 普洱茶的收藏 ·· 48

第三章 冲泡之雅——茶艺与茶道的精髓 ······················ 61
    第一节 茶艺审美的原理 ·· 61
    第二节 茶道艺术 ·· 82
    第三节 茶冲泡的艺术雅韵 ·· 97

第四章 普洱茶的美学之旅 ··· 130
    第一节 普洱茶的美学特质与鉴赏 ·························· 130
    第二节 本质之美：从内而外的自然流露 ·············· 134

第三节 韵味之美：韵味绵长的独特体验 …………………… 143
第四节 普洱茶与诗词歌赋的浪漫邂逅 …………………… 147
第五节 哲学之美：普洱茶与人生智慧 …………………… 157

第五章 普洱茶与民族文化的深厚渊源 …………………… 161
第一节 茶文化的艺术内涵 …………………………………… 161
第二节 普洱茶民族文化的形成与特点 …………………… 166
第三节 普洱茶民族文化的表现 …………………………… 174

参考文献 …………………………………………………………… 185

第一章　普洱茶之源流

第一节　普洱茶的神秘起源与浪漫传说

我国西南边陲，北回归线与澜沧江交会于一座安谧而美丽的城市——普洱市（图1-1）。说起普洱，我们首先想到的是闻名中外的普洱茶。以云南大叶种茶为主要原料的普洱茶，生长和种植在澜沧江中下游的普洱市及其周边地区。有证据表明，在3000万年前的渐新世时（渐新世是地质时代中古近纪的最后一个主要分期，在公元前3400万年至公元前2300万年），茶树的亲缘始祖就生长在这片土地上。这里有茶树的完整垂直演化体系，为澜沧江中下游是世界茶树起源地提供了佐证。今天，各种类型的茶园在普洱市星罗棋布，诉说着这片土地上的自然与人文的历史。

图1-1　普洱市

一、普洱茶起源之地

说起普洱茶，更多人想到的是饼状的紧压茶，比起超市茶庄中林林总总地装在罐子里的散茶，它总显得别具一格。其实，认真说起来，普洱茶是一个广泛的多层次的概念。它的名字来源于地名——普洱府。然而，在普洱府存在之前，这片土地就已默默地孕育茶树数千年了。

澜沧江中下游自古以来就是我国重要的茶叶产地。明清以来，普洱成为这一地区茶叶贸易的集散地。清代《普洱府志》中载录《大清一统志》对此地的描述："民皆焚夷，性朴风淳，蛮民杂居，以茶为市。"这说明在清初时，普洱府就是多种少数民族杂居之地，民风淳朴，茶叶贸易兴盛。周边茶山所产茶叶大多送至普洱府经加工精制后，运销国内外。人们称这一地区所产茶为普洱茶。

从现存记载来看，这一地区茶的利用和栽培可以追溯至唐朝以前。唐代樊绰编纂的《蛮书》中提到"茶出银生城界诸山"（普洱古属银生府），据此推算，这里茶树种植的历史至少有1100年。明代李时珍《本草纲目》中更为明确地记述了"普洱茶出云南普洱"，而此时的普洱还是对整个澜沧江下游普洱茶区的泛称。

说起普洱的来历，我们还要从一座山讲起。"普洱"为哈尼语，意为"有水湾的寨子"，作为地名最初指普洱山（位于今普洱市宁洱县）间的一个寨子，后慢慢扩大范围。元朝时，"普洱"一名正式写入历史，作为银生城属地存在于典籍之中。明朝时，由于茶市的兴盛，当地人口与经济迅速发展，普洱城正式形成。清雍正年间（1729年）始设普洱府，辖区范围包含今普洱市和西双版纳州。新中国成立后，普洱市名与其辖界也发生了数次变化，直至1973年，西双版纳州从思茅地区分设，普洱市辖界基本确定。2003年，国务院批准设立思茅市。2007年，思茅市改名普洱市。历经千余年，这个以地为名的古茶种不断发展，流传至今，终于成就了普洱的荣耀。今天，位于茶区中心的普洱市作为澜沧江中下游茶文化中心，被称为"世界茶源"。

普洱茶的原料，是产于这一区域的云南大叶种茶。迄今为止，世界上已发现的茶组植物中，生长和栽培在云南的占已发现茶种总数的80%，其中又以大叶种为主。截至1990年，全球已经发现的茶组植物有44个种、3个变种，中国分布43个种、3个变种，而云南就有35个种、3个变种，其中26个种、2

个变种为云南特有种。这些茶种在澜沧江中下游地区有着集中的分布，具体见表1-1所示。云南的茶树几乎全省都有分布，但分布最为集中的区域在云南西南的澜沧江中下游地区。这些不同品种的茶树所产的青叶，在经过加工之后，可以做成不同种类的茶。

表1-1　澜沧江中下游现有的主要茶树种

种或变种名	类型	分布地区
大理茶种 C.taliensis	野生茶	普洱、保山、临沧
滇缅茶种 C.irrawadiensis	野生茶	普洱、西双版纳、保山、临沧
厚轴茶种 C.crassicolumna	野生茶	普洱
普洱茶种 C.assamica	栽培茶	普洱、西双版纳、保山、临沧
茶种 C.sinensis	栽培茶	普洱、西双版纳、保山、临沧
勐腊茶种 C.manglaensis	栽培茶	西双版纳、保山、临沧
大苞茶种 C.grandibracteata	野生茶	临沧
细萼茶种 C.parvisepala	栽培茶	临沧
多萼茶种 C.multisepala	栽培茶	西双版纳
苦茶变种 C.assamica var.Kucha	栽培茶	西双版纳
邦崴大茶树 Camelliasp.	过渡型	普洱

历史上，这些茶在普洱集散，流向国内外，人们习惯上将它们统称为普洱茶。明朝后期，普洱茶占据云南市场。清乾隆六十年（1795年）普洱茶成为贡茶，改变了清宫廷的饮茶偏好，并迅速风靡京城。普洱府也随着茶的传播闻名于世。

当时，受到交通条件的限制，茶往往是通过马帮运输。为将莽莽深山之中的茶运到千里万里之遥的地方，人们把采下的青叶杀青后揉捻，再晒干或烘干，再软化并最终紧压成块状、碗臼状或饼状，以方便运输。遥远的路途注定了茶叶在售出前经历长时间的储存和再发酵，而运输中所经历的自然条件也为这种后发酵提供了助益。因而，古人喝到的普洱茶，色重而味酽，这也为后来的普洱茶贴上了印象标签。

现在，我们所谈的普洱茶与茶文化系统是指在以普洱市为代表的普洱茶产区内，以茶园、茶农和茶文化为基础的整体，是基于重要农业文化遗产概念范畴的更为宽泛的农业文化系统。让我们从生长在澜沧江中下游的古茶树和古茶园出发，慢慢探寻它的曼妙吧。

二、宽叶木兰化石与茶属的起源和传说

中国是茶叶的故乡，茶树原产于中国西南、云南高原这一事实已被众多专家和学者所公认。在喜马拉雅造山运动（2500万年前）之前，云南高原处在古特提斯洋北岸，气候温暖，是高等植物起源地（1亿年前被子植物出现）。在喜马拉雅造山运动之后，已经存在的山茶属茶亚属茶组植物，从高原沿东、南、西南扇形河流自然传播。向东沿金沙江传到中国东南沿海，变成中、小叶茶；向南、东南沿红河、李仙江、澜沧江、怒江、迈立开江、恩梅开江、雅鲁藏布江自然传播到中南半岛和南亚诸国；之后，茶叶农艺出现，茶借助人力传到日本、苏联、印度尼西亚、非洲、欧美等地，成为全球性的经济作物。

1978年，以宽叶木兰（新种）为主体的景谷植物群化石被中国科学院植物研究所和南京地质古生物研究所发现（见图1-2）。古木兰是被子植物之源，是山茶目、山茶科茶属及茶种垂直演化的始祖，距今约有3540万年。景谷是中国乃至全世界唯一有第三纪宽叶木兰（新种）和中华木兰化石出土的区域，为我们探寻茶树的起源地标注了方向。

图1-2 景谷宽叶木兰化石

由于云南典型的立体气候特点，在不同的海拔、不同的地理环境条件，发育着不同种类的植被。从植被区系来看，云南位于植物种类丰富的中国—喜马拉雅植物区系、中国—日本植物区系和古热带印度—马来西亚植物区系的交会处，加上山脉和河流南北走向的作用，形成南方植物沿河流北上，北方寒温性植物顺山脉南下，湿润性植物在金沙江和云贵高原地区自然扩散开来。于是，

各种不同区系的植物汇聚云南，并在各种适生条件下得到自然保存、繁衍和发展，使云南成为天然植物王国。这种独特的地理环境和生态环境，也孕育了丰富的茶树品种资源。

神奇的自然给了我们无数惊喜。在澜沧江与北回归线交会之处，茶在这里安静地繁衍，茶是自远古而来的自然恩赐。在云南，不同种类的茶或沿着山脉、河流走向呈带状分布，呈跳跃式分布，呈隔离分布，或呈局部或零星分布，而其中茶（C.sinensis）、普洱茶（C.assamica）、大理茶（C.taliensis）、滇缅茶（C.irrawadiensis）分布最广，与其他茶种多层次交错。然而，这些多样性的茶树物种却围绕着宽叶木兰化石的发现地，在澜沧江中下游地区连片集中分布，并沿着北回归线自西向东延伸，横跨北回归线南北方向分布逐渐减少。

汇集天地灵气，云贵高原西南边缘，横断山脉南段的特殊地理和生态环境，为茶树的生长提供了有利的条件。普洱境内，哀牢山、无量山及怒山余脉三大山脉由北向南纵贯全境。群山之间，澜沧江、李仙江、南卡江由北向南纵贯全境。河谷的发育和水系的分布与横断山脉南部诸山骈列，形成"帚"形地貌，群山起伏，沟壑纵横，由北向南倾斜、叠降。

山与江的结合，为印度洋和太平洋两股暖湿气流北上提供了有利条件，使普洱成为云贵高原唯一的海洋性气候区——气候宜人，冬暖夏凉，四季如春。普洱古茶园与茶文化系统正是在这种气候和地理环境下孕育而成并繁衍至今的。它珍贵的价值为世人所关注。2012年，联合国粮食及农业组织（简称联合国粮农组织、FAO）将其列入全球重要农业文化遗产(Globally Important Agricultural Heritage Systems，GIAHS)，作为保护区核心的景迈山景迈芒景古茶园，正是这一生态系统的缩影。

在景迈山苍郁的古茶园中，亚热带季风带来丰沛的降水，空气清新湿润。山间常年雾气缭绕，如梦似幻。古茶林所在山脉为西北—东南走向，野生茶树群落生长在海拔1600～2500米的山间，万亩连片，蔚为壮观。除茶树外，南亚热带常绿阔叶林、热带雨林、季雨林和思茅松也广布于区内。山间土壤以红壤和黄棕壤为主，呈垂直带状分布。这些土地虽不宜农耕，却恰恰是茶树生长的沃土，养育了依赖于山、依赖于茶林的各族儿女。

温暖湿润的气候使普洱"万紫千红花不谢，冬暖夏凉四时春"，享有"天然氧吧"的美誉，是名副其实的"春城"，最宜人居的地方之一。普洱年均日照2000小时左右，年均气温15.3～20.2℃，年均降雨量1600毫米左右，年均相对湿度79%，年无霜期在315天以上；最冷的天气在1月，平均气温11.7℃，最热的天气在6月，平均气温21.9℃，冬夏相差10.2℃，一年四季都是旅游的好季节。

我们先从古茶树和它们的群落说起。云南澜沧江流域分布的古茶树包括野生型、过渡型和栽培型三种类型，也就是说，古茶树不仅是分布于天然林中的野生古茶树及其群落，还有半驯化的野生茶树和人工栽培的百年以上的古茶园（林）。野生型古茶树以普洱市镇沅千家寨野生茶树居群为代表，野生型向栽培型过渡类型的古茶树以澜沧邦崴过渡型大茶树为代表，而栽培型古茶树则广泛分布于澜沧江中下游的古茶园中。

古茶树资源包括野生古茶树、野生古茶树群落、过渡型古茶树、栽培型古茶树及古茶园。云南省古茶树资源类型完整丰富，且大部分集中在无量山、哀牢山以及澜沧江中下游，具体见表1-2。

表1-2　云南古茶树资源主要分布地区

类型	分布地区
野生古茶树	景东、镇沅、宁洱、澜沧、西盟、永德、勐海、保山
野生古茶树群落	哀牢山、勐库大雪山、千家寨、无量山、南糯山、佛海茶山、巴达山、布朗山、景迈山、白莺山、勐宋山、南峤山
过渡型古茶树资源	镇沅、勐海、景谷、景东、宁洱、澜沧、龙陵、昌宁、腾冲、临沧、云县、双江、镇康、凤庆、永德、沧源、金平、南涧
栽培型古茶树	镇沅、宁洱、景谷、双江、凤庆、云县、勐海、腾冲
古茶园	景谷、景东、镇沅、墨江、澜沧

普洱市的古茶树种植面积在澜沧江中下游茶区中最大，所产普洱茶的代表是景迈大叶茶。景迈大叶茶原产于云南省澜沧县惠民乡景迈村、芒景村，是当地主要栽培品种之一。

（一）野生型古茶树与古茶树居群

野生型古茶树是证明茶树起源区域的有力证据。在普洱，已发现的野生型古茶树时间早、分布广、数量多、树体大，性状明显异于栽培型茶树。它们分布在海拔较高的原始森林之中，树形高大。居住在普洱的各个民族大多认为是自己的祖先发现了茶。在哈尼族、彝族、拉祜族、佤族、布朗族等民族中，有许多神话传说讲述自己的祖先是如何发现了茶，或者说发现茶的"神农"是自己民族的祖先。这些神话传说反映了人们对茶树的依赖，也体现了这些民族对美好生活的向往。

哈尼族茶树王的传说

关于野生大茶树，在宁洱县勐先乡、黎明乡一带的哈尼族中有一个动人的传说——阿公阿祖（当地人对其先人的称谓）还在世的时候，这个地方有个老实的孤儿，给老爷家放牛。有一天，老爷给了孤儿三头公牛、两头母牛、一斗霉米、一口锅和一条烂毯子，说："娃娃，你上小板山放牛去。那里水清草嫩，有数不清吃不尽的各种各样的山果。牛会下崽儿，下到第一百头的时候你就下山，我指块地给你盖房子，安个家。唉，可怜！"

孤儿点点头，赶着五头牛上了小板山的老林里。霉米吃完了，就找野菜、摘山果充饥，白天和牛一起在林中的草地上过，晚上挨着牛在山洞里歇息。虫蛇猛兽像是可怜他，倒也不来找他的麻烦。有一天孤儿找果子，顺着山往上爬，砍开刺条，扒开藤萝，左弯右拐找路走，上到了云封雾锁的巅峰。他累了，坐在一块石头上歇息。忽然，一朵白云缓缓向他飘来，白云拥着一位嫩生生、粉嘟嘟、好看得不得了的仙女。仙女朝他笑了笑，说："老实人，你吃了好多好多苦，我想叫你的日子好过些。"说着挥动手中的蒲扇扇了三下，山巅的云雾滚滚卷卷地散开，嘿，露出一棵好高好高、好粗好粗的茶树。仙女说："这是茶树王，你摘下它的芽芽泡水喝，采下它的嫩叶做饭吃。"孤儿还在愣愣地看着大茶树，仙女已经驾着白云飞上了天。

孤儿照着仙女的话做，也不知过了多少日子、多少年月，牛一天天地增多，他也长成了汉子，又变成了老头。有一天，他数了数牛的数量，数过了一百还有好多好多。他想："可以下山回寨子去了。"只是实在舍不得茶树王，再说又不忍心让那些每日与自己为伴的牛被老爷宰杀。想了想，他便只摘了好些嫩茶叶给寨子里的兄弟姐妹尝尝。

走了好几天，回到了寨子。寨中人见了一个白头发白胡子拖到腰间、裹着棕衣的老人，都很吃惊，已经没有人认识他了。他把这辈子在山上吃茶叶放牛的事说了，一些老人才记了起来，都落了泪。

普洱茶艺术

寨子里的后生喝了茶树王的芽泡的茶,感到又香又醇又甜,缠着要他带着去看看茶树王。白发老人也想念茶树王,就带着那伙后生走了几天,上到小板山的山顶。嚄,好一棵大树,仰头才看得见顶梢,粗得五个人拉手才能合围起来,叶子绿茵茵的,满树芽头,嫩生生的,树干上趴满了树花、菟丝和挂兰。后生们高兴得又叫又笑,忽然,一团白云涌来,山上起了大雾。等到雾散云开,一看,茶树王不见了,满山满谷都长出了茶树。

从此,后人就采茶种茶,靠茶叶过上了幸福的日子。

(节选自《普洱茶源》,张孙民主编)

据统计,普洱市境内野生古茶树群落共40余处,约5000公顷,分布在9个县区,均在无量山、哀牢山和澜沧江、李仙江两岸的原始森林中。其中,比较著名的野生古茶树群落有镇沅千家寨古茶树群落、景东花山古茶树群落、景谷大尖山野生古茶树群落、宁洱困鹿山古茶树群落、澜沧帕令黑山野生古茶树群落、孟连腊福黑山野生古茶树群落、墨江苍蒲塘野生古茶树群落、江城瑶人大山野生古茶树群落和西盟佛殿山野生古茶树群落等。在每一处野生古茶树群落里,都有著名的野生大茶树,它们或因树龄高,或因姿态奇,而牵动着人们的情感。

野生茶树居群指自然繁衍的茶树相对集中在某一特定地域,占据特定的空间,在林相构成中形成一定的群居优势,由组成单位起功能作用。野生型古茶树及野生型古茶树居群主要分布在无量山、哀牢山以及澜沧江中下游地区两岸海拔1830～2600米的山间。据不完全统计,普洱市野生型古茶树居群主要有19处,多长在原始森林之中。茶树树形为高大乔木,树高4.35～45米,基部干茎在0.3～1.43米,树龄550～2700年。从芽叶来看,芽梢色泽为绿色或红绿色(绿芽和紫芽)。

在这些古树中,不得不说的是镇沅千家寨野生茶树王。镇沅千家寨野生古茶树群落地处北纬24°7′,东经101°14′,海拔2100～2500米的高度范围内。在哀牢山自然保护区中我国面积最大、植被最完整的亚热带中山湿性常绿阔叶林中,野生古茶树是其中的优势树种。它们均为乔木型,多属大理茶种。此外,在这个群落中,有第三纪遗传演化而来的亲缘、近缘植物,如壳斗科、木兰科、山茶科等植物群。而古茶树作为国家二级保护植物,分布在千家寨范围内的上坝、古炮台、大空树、大吊水头、小吊水和大明山等处。九甲乡和平村的群众很早就知道千家寨有野生茶树生长，每年都有村民进山采摘茶叶自饮或出售。但直到1983年，2号野生古茶树被发现后，外界才开始关注这片原始茶林。1991年，村民采茶时发现了1号野生古茶树，后经专家推定，这棵古老的茶树树龄约2700年，是世界上现存最为古老的野生古茶树；2号古茶树树龄2500年左右。千家寨野生茶树群落是世界上现存最为古老的大面积野生茶树群落。这一发现随后受到国内外专家的广泛认可。镇沅千家寨九甲1号古茶树作为茶树中的活化石，有力地证明了中国云南是茶树原产地，云南澜沧江中下游是世界茶树原产地的中心地带。

（二）过渡型古茶树

过渡型古茶树是人类驯化和利用茶树的历史见证。现在澜沧江中下游地区仍有树龄千年以上的过渡型古茶树存活，即澜沧邦崴过渡型大茶树。它生长在海拔1 900米的澜沧拉祜族自治县富东乡邦崴村新寨寨脚的斜坡园地里，属乔木型大茶树，树姿直立，分枝密。专家认为，澜沧邦崴大茶树既有野生型大茶树花果种子的形态特征，又具有栽培型茶树芽叶枝梢的特点，是野生型与栽培型之间的过渡类型，属古茶树，可直接利用。澜沧邦崴过渡型古茶树树龄在千年以上，反映了茶树发源早期驯化利用同源。

澜沧邦崴过渡型古茶树的发现，直接为我们回答了茶树历史上重要的问题：是谁驯化了茶树？茶树栽培的历史究竟有多久？这为中国茶史和世界茶史补充了重要的一环，对研究茶树的起源和进化、茶树原产地、茶树驯化生物学、茶树良种选育、农业遗产与农业史、少数民族社会文化等具有重要的科学价值。

直到21世纪，这棵大茶树仍在为茶农提供生计保障。每到采茶季节，茶农们在大茶树周围架起支架，进行采摘。茶树周边，种着蚕豆、豌豆等作物，与当地的山川农庄融为一体。山风吹过，枝叶摇曳，像是历史和现在在默契交流。1997年4月8日，原中国国家邮电部(现国家邮政局)发行《茶》邮票一套，第一枚《茶树》就选用了这棵千年古茶树。

1992年，云南省茶叶学会、思茅地区行署、云南省农业科学院茶叶研究所共同组织专家针对澜沧邦崴大茶树召开考证论证会，得出以下结论。

（1）乔木树形，树姿直立，分枝密；树高11.8米，树幅8.2米×9.0米，根颈处干径1.14米，最低分枝高0.70米，一级分枝3个，二级分枝13个。

(2) 叶片平均长 13.3 厘米，叶宽 5.3 厘米，叶长椭圆形，叶尖渐尖，叶面微隆起，有光泽，叶缘微波，叶身平或稍内折，叶质厚软，叶齿细浅，叶脉 7～12 对，叶背、主脉、叶柄多毛。

(3) 鳞片、芽叶、嫩梢多毛。芽叶黄绿色，节间长 3.7 厘米。

(4) 花冠较大，平均花冠大小 4.6 厘米 ×4.3 厘米，花瓣 10（9～12）枚，花瓣有微毛，花瓣平均大小为 2.3 厘米 ×1.5 厘米，雌蕊高于雄蕊，花丝平均 173 枚，柱头多为 4～5 裂，花柱平均长 1.34 厘米，子房多毛；萼片 5 个，平均大小 4.3 厘米 ×4.3 厘米，绿色，外无毛，边缘有睫毛，内有毛；花梗平均长 1.34 厘米，苞痕 2～3 个；果径 2.5～2.8 厘米，果扁圆形或肾形，果皮绿色有微毛，外种皮上除有胚痕外，还有一下陷的圆痕。

(5) 抗逆性强，现场只发现少量斑蠹蛾和茶籽象甲。未见有冻害和旱害发生。

(6) 当地群众长年采制红、绿茶，品质良好。经对绿茶春茶样品尝，滋味鲜浓。

综合树形、叶片和花果形态，邦崴大茶树既有野生型大茶树的花果种子形态特征，又具有栽培型茶树的芽叶、枝梢特征，初步认为，其是野生型和栽培型间的过渡型，属古茶树，可直接利用。关于邦崴古茶树的树龄，多数专家估算为千年以上。

(三) 栽培型古茶树与古茶园

与其他作物一样，野生茶在被人类发现利用之后，人类就开始对物种进行驯化。经过长期的自然选择和人工栽培，才逐渐形成今天丰富的栽培型茶叶品种。而普洱茶的制作原料，云南大叶种茶就是在人工选择中留下的优质茶叶品种，其中又以"普洱茶"的栽培利用最为广泛，产量最好。

经专家鉴定，云南大叶种茶中，都不同程度地带有野生茶树的遗传特性，树相、叶性、芽状均与野生茶树极为相似，但花果比野生茶树小。普洱茶茶芽长而壮，白毫多；叶片大而质软，茎粗节间长，新梢生长期长，持嫩性好，发育旺盛。茶内含丰富的生物碱、茶多酚、维生素、氨基酸和芳香类物质。栽培型古茶树树形为直立乔木，高 5.5～9.8 米，树幅在 2.7～8.2 米，基部干径在 0.3～4.4 米，树龄在 181～800 年。普洱市共有森林茶园 26 个，面积达 12123 公顷。

普洱市现存仍在利用的古茶园多以栽培型茶树为主，它们之中最年轻的茶树也已100多岁。历史最悠久的澜沧景迈芒景古茶园，始种植于傣历57年（696年），距今已有1300多年的历史。上万亩连片茶园在境内均有分布，总面积约1095公顷，稀疏不均，为当地布朗族和傣族人所栽培。

茶见证着民族团结

相传，最初景迈和芒景的茶园是布朗族人和傣族人分别种植的两片茶园。历史上，傣族和布朗族的先民在共同抗击外族入侵的战斗中结下了友谊。为了纪念这种友谊，让两族世代团结和睦地共同生活在这片土地，西双版纳土司把七公主南腊米嫁给了布朗族头人岩冷，共同管理茶山。经过世代不停地开垦种植，发展到万亩的规模，并将整个茶园和景迈、芒景、芒洪、翁基、翁洼等傣族和布朗族村寨连成一片。

在已经流传千年的布朗族传说故事《奔闷》中，记录着布朗族英雄岩冷与茶的故事。岩冷是一位传奇人物，是布朗族人心目中的神。岩冷死于一次族人相争的阴谋，临死前，他说："我要给你们留下牛马，怕是遇到灾难会死掉；我要是给你们留下金银珠宝，也怕你们吃光用光；只有给你们留下茶树，才能让子孙后代取用不尽。"在芒景布朗族的《叫魂经》中，也留下了这样的话："岩冷是我们的祖先，我们的英雄，他给我们留下了竹棚和茶树，是我们生存的拐杖。"

一位英雄去了，但他留下了一个民族赖以生存的宝贵财富。至今，每年农历六月初七，布朗族村寨里还要举行一种叫"夺"的活动来祭茶和岩冷，时间长达数天，同时进行剽牛等隆重的仪式，地点就在芒景的岩冷山上。

在普洱，每一个古茶园都见证了村落的历史。这些古茶园呈区域性集中分布或零星分布于海拔1500～2300米的红壤、黄棕壤山区或农作区，主要位于普洱市景东县的花山、景福，澜沧县的景迈山，镇沅县的河头，景谷县的田坝、文山，宁洱县的困鹿山，墨江县的界牌、茶厂，孟连县的糯东等地。走进茶园，高大乔木和茶树一起遮蔽着下层的灌木、作物和草本植物，也为行走其中的人和动物提供阴凉。茶树上攀附着各种寄生植物，飞鸟和采蜜的蜜蜂在林中穿梭，一片自然和谐的情趣。

第二节　普洱茶在历史长河中的演变

茶在中国的历史由来已久，中国"茶圣"陆羽所著的茶学专著《茶经》中云："茶之为饮，发乎神农氏，闻于鲁周公。"如果说"神农氏偶然发现茶"这一神话传说成立，那么在公元前约3000年，茶就已经成为人类的朋友。

云南普洱茶是世界非物质文化遗产之一，蕴含丰富的茶文化底蕴和独特的云南少数民族区域文化色彩，是我国民族文化遗产宝库中一个极具价值的组成部分。据傣文记载，普洱茶区的种茶历史可追溯至1700多年前的东汉时期，晚于巴蜀地区。普洱茶的大致产制发展史，如表1-3所示。

表1-3　普洱茶产制发展史

三国至唐宋时期	生煮羹饮，晒干收藏
元、明时期	散茶逐渐向紧团饼茶过渡，以团饼茶为主
清朝	逐步出现多个花色品种，仍以团饼茶为主
民国至今	现代普洱茶的产生，出现红茶、绿茶、黑茶等茶叶分类

一、三国时期

1700多年前的农历七月二十三开启了古代普洱茶的历史篇章。据传，在公元225年，诸葛亮亲自南征，抵达了今云南省西双版纳自治州勐海县的南糯山。虽然我们无法考证当时是否真的有人种植普洱茶，但当地的少数民族之———基诺族，坚信诸葛亮种植茶树的事实。他们确定每年的农历七月二十三为诸葛亮的诞辰纪念日，对诸葛亮深怀敬意，并举行放孔明灯的活动，称为"茶祖会"，这一传统流传至今。

三国时期，吴普在他的《本草》一书中记载："苦菜一名茶，一名选，一名游冬，生益州（今云南省）谷山陵道旁。凌冬不死，三月三日采干。"其中的"茶"

字,就是我们今天的"茶"字。这段记载明确地告诉我们,云南在三国时期就已经产茶了。由此可以确认,云南在三国时期就开始种植和生产茶叶了。

在历史的长河中,普洱茶逐渐成为中国茶文化的重要组成部分。它的起源和发展与中国的历史、文化、经济发展等紧密相连。从诸葛亮到吴普的记载,再到基诺族的"茶祖会",普洱茶的历史和文化底蕴深厚,也为我们今天品味普洱茶提供了宝贵的视角。

二、唐朝时期

唐朝时期,普洱茶的发展经历了一个重要阶段。《蛮书》记载,茶树开始在"银生城界诸山"地区广泛种植,这些地方大致相当于现今云南省西南部的景东、镇沅、景谷、普洱、凤庆、双江、澜沧、勐海、墨江、沧源、勐腊、景洪等地区。这些地方的茶叶以散装形式出售,没有固定的采造方法,当地的蒙舍蛮人喜欢用豆子、生姜和桂皮等调料和茶叶一起烹制后饮用。

尽管我们无法从史料中得知当时"银生城界诸山"所产的具体茶品种类,但从云南的地理环境和发现的古茶树来看,这些地方生长的应该是云南原始的大叶茶种,也就是我们今天所说的普洱茶种。因此,清朝阮福在《普洱茶记》中说:"普洱古属银生府。则西蕃之用普洱,已自唐时。"这句话表明,普洱茶在唐朝时期就已经被使用和交易了。

唐朝时期普洱茶的生产方式比较简单,主要以野生或半野生状态存在。随着茶叶种植技术的不断发展,普洱茶的品质和产量逐渐提高。唐朝的普洱茶主要通过西南丝绸之路输送到西蕃等地,成为当地人民喜爱的饮品之一。

此外,唐朝时期还出现了一些与普洱茶相关的诗歌和文献。比如,唐代诗人李商隐的《饮茶诗》中就有"此茶来从何处去?得自纪鸿珍"的诗句,赞美了普洱茶的珍贵和来历;还有《云南志》《蛮书》等文献中也对普洱茶的生产、运输、饮用等方面进行了描述和记载。

唐朝是普洱茶发展的重要阶段,这一时期普洱茶不仅在云南省西南部大量生产,而且原始的普洱茶种被人们发现和使用。这些都为普洱茶的发展奠定了基础,并为我们今天品味普洱茶的历史和文化提供了宝贵的资料。

三、宋朝时期

宋朝时期，普洱茶的发展达到了一个新的高度。除了在四川、云南、西藏等地进行的"茶马交易"外，大理国还派使臣到广西用普洱茶与宋朝的静江军进行茶马交易。这些交易的普洱茶品质上乘，被称作"紧团茶"或"圆茶"。宋朝名士王禹偁品尝了普洱茶后，写了一首赞美诗："香于九畹芳兰气，圆如三秋皓月轮，爱惜不尝唯恐尽，除将供养白头亲。"这首诗描述了普洱茶的芳香浓郁和圆润的形态，表达了他对普洱茶的喜爱。

宋朝时期，茶文化得到了极大的发展。人们不仅以饮茶为风尚，茶艺和茶道也逐渐兴起。茶叶成为人们生活中的重要饮品，上至王公贵族，下至平民百姓，都以饮茶为乐。普洱茶逐渐成为人们生活中的重要饮品。人们对普洱茶的需求量越来越大，为了满足市场需求，茶叶的种植和加工技术不断提高，茶叶的品质和口感也得到了极大的提升。宋朝时期的普洱茶还被用来与其他地区进行贸易。运至中原和江南一带的普洱茶成为上乘的饮品，受到当时人们的追捧和喜爱。同时，"茶马市场"用茶叶交换马匹，开创了与西域商业往来的先河。这些普洱茶被视为珍贵的礼品，不仅满足了人们的味觉享受，还体现了文化和社交的价值。

宋朝时期还出现了许多关于普洱茶的文献和记录。一些茶叶专著开始出现，详细介绍了普洱茶的产地、采摘、制作、冲泡等技巧和方法。这些文献不仅成为中国饮茶爱好者追寻古法饮茶的文字依据，也为后人了解和认识普洱茶提供了宝贵的资料。

宋朝时期不仅茶叶贸易繁荣，而且人们对普洱茶的认识和使用得到了极大的提高。这些都为普洱茶的发展奠定了坚实的基础，同时，也在中国的茶文化和商业交流史上留下了深刻的印记。

四、元朝时期

元朝时期，普洱茶已经成为市场交易的重要商品。李京在其所著的《云南志略·诸夷风俗》《金齿》《白夷》中描述了当时普洱茶的交易情况。《滇云历年志》载："六大茶山产茶……各贩於普洱……由来久矣。"这也表明了普洱茶在元朝时期已经具有了较为广泛的知名度和影响力。在民间进行普洱茶交易的年代也甚为久远，说明普洱茶在当时已经成为民间贸易的重要商品之一。

元朝在整个中国茶文化的发展历程中是一段非常重要的时期。元朝有一个地名叫"步日部"，由于后来转音写成汉字就成了"普耳"（当时"普耳"之"耳"即为现今"普洱"之"洱"）。"普洱"一词首见于此，从此得以"名正言顺"地写入历史。当时还没有固定名称的云南茶叶，也被叫作"普茶"，逐渐成为西藏、新疆等边疆地区市场上买卖的必需商品之一。"普茶"一词从此名震国内外，直至明朝末年，"普茶"才改叫"普洱茶"。

这一时期，普洱茶的产地、采摘、制作、冲泡等技巧和方法也逐渐得到发展和完善。一些茶叶专著开始出现，详细介绍了普洱茶的相关知识和冲泡技巧。这些文献成为后人了解和认识普洱茶的宝贵资料，也为中国茶文化的发展作出了重要的贡献。

元朝时期，虽然普洱茶的发展较为平淡，但它为后来的普洱茶文化的发展奠定了坚实的基础，同时，也为中国的茶文化发展作出了重要的贡献。

五、明朝时期

明朝时期，普洱茶成为民间茶叶交易的重要商品，并且逐渐形成了"普洱茶"这一名词。明人谢肇淛在其所著的《滇略》中记载："士庶所用，皆普茶也。蒸而成团。"这是"普茶"一名首次见诸文字。明朝末年出版的《物理小识》中记载："普洱茶蒸之成团，西蕃市之。""普洱茶"一词正式载入史书。

明朝时期，茶马市场在云南兴起，穿梭于云南与西藏之间的马帮如织。因为车马人员很多，因而走出了许多专业的道路，我们习惯上称为"茶马古道"。在茶道的沿途中，聚集而形成许多城市。元朝时期的"步日部"改名为"普洱府"，逐渐成为云南茶叶最主要的集散中心。以普洱府为中心，通过诸多由于茶叶运输所形成的专业古茶道，进行着庞大的茶马交易。普洱府成为云南茶叶的集散中心，聚集了大量的商人和茶叶，逐渐发展成为一个繁荣的城市。在普洱府周围，分布着许多茶庄和茶园，这些茶庄和茶园所产的茶叶成为当时市场上最受欢迎的商品之一。随着茶叶贸易的繁荣，普洱茶逐渐传遍了全国，成为人们喜爱的饮品之一。

明朝也出现了许多关于普洱茶的文献和记录。一些茶叶专著开始出现，详细介绍了普洱茶的相关知识和技巧。

六、清朝时期

明代至清代中期，普洱茶的发展到了鼎盛时期，号称远销十万担以上，宫廷也将普洱茶引为贡茶，很受喜欢，这极大地促进了普洱茶的发展。以六大茶山为主的西双版纳茶区，年产干茶八万担，达到历史最高水平。此时的普洱茶脱胎换骨，变为枝头凤凰，是其最光彩且鼎盛的时代。

史料记载，清顺治十八年（1661年），仅销往西藏地区的普洱茶就达三万担之多。同治年间，普洱茶的生产依然兴旺，仅曼撒茶山就年产五千余担。茶山马道上，马帮们终年往返，商旅塞途，生意十分兴隆。清雍正四年（1726年），雍正皇帝指派满族心腹大臣鄂尔泰出任云南总督，在云南少数民族地区推行"改土归流"的统治政策（设官府，置流官，驻军队，以加强行政统治），3年后（1729年）在普洱设置"普洱府治"，控制普洱茶的购销权利，同时推行"岁进上用茶芽制"，选最好的普洱茶进贡北京。在攸乐山（现为云南省西双版纳景洪市基诺族乡境内）设置"攸乐同知"，驻军五百，防守茶山，征收茶捐。在勐海、易武、倚邦等茶山，设置"钱粮茶务军功司"，专门管控粮食、茶叶交易。

乾隆元年（1736年）撤销"攸乐同知"，同时设置"思茅同知"，并在思茅设立"官茶局"，在六大茶山分别设立"官茶子局"，负责管理茶叶税收和茶叶收购。在普洱府道设茶厂，普洱成为茶叶精制、进贡、贸易的中心地和集散地。至此，"普洱茶"这一美名得以名扬天下。

道光到光绪初年，普洱茶的产销盛极一时，普洱商贾云集，市场繁荣。印度、缅甸、柬埔寨、安南等东南亚、南亚的商人也前来普洱做茶叶生意。到了光绪末年（1908年），由于茶叶的苛捐杂税过重，茶农受损，茶商无利，普洱茶市场急转直下，西双版纳产茶区由过去的年产八万担降至五万担，且逐年递减。随后又开"洋关"，增收"落地厘金"，茶农纷纷丢弃茶园另谋他业，茶商和马帮也改做其他生意。繁华一时的茶叶时代从此一去不复返。

七、民国时期

民国时期，云南省政府开始对茶叶实行"官办民营"，即由政府管理和监督茶叶的生产和销售，同时允许私人企业参与其中。这种政策在一定程度上刺激了茶叶的产销营运,促进了普洱茶的发展。

1930年前后,印度茶和锡兰茶大量涌入国际市场,使得普洱茶的出口量锐减,给普洱茶产业带来了巨大的冲击,总产销量降至三万多担。

随后,第二次世界大战的爆发对云南当地造成了巨大的影响,普洱茶的生产几乎处于停滞状态。1948年,普洱茶的年产量仅为五千多担,产销运营跌落至历史最低水平。这一时期,普洱茶的发展受到了极大限制,市场需求萎靡不振,茶叶生产陷入困境,是普洱茶产业历史上的一段困难时期。然而,即使在这样的背景下,普洱茶的独特品质和历史文化价值仍然受到了一些人的关注和重视。一些有识之士开始致力于普洱茶的复兴和保护,推动了对普洱茶传统制作工艺的传承和发扬。他们努力恢复和保护普洱茶的历史文化品牌,为后来普洱茶产业的复兴奠定了基础,也为后人了解认识普洱茶提供了宝贵资料。

八、现代

现代普洱茶史话是从1950年开始的。云南现代的普洱茶不仅在生态上有了很大改变,在制造工序上也有了很大革新。1954年,国家实行全国茶叶"统一收购,计划分配",私人茶庄生产的茶叶全部纳入国家计划。云南普洱茶从此处于"中央掌握,地方保管,统筹分配,合理使用"的状态之下。

20世纪60年代初期,云南省响应号召大量生产茶叶,改种旧茶园,开辟新茶园,并引进了扦插栽种技术,培植灌木茶山,提倡每亩地密植茶树三千至五千株,这样产量大而人工少,实现了很好的经济效益。云南省新茶园的开辟非常成功。如今,随着我国经济的快速发展和居民人均可支配收入的提高,普洱茶不仅国内市场前景广阔,出口市场的全球覆盖面也非常广泛,包括英国、美国、德国、法国等50多个国家和地区,其中马来西亚、日本、德国等国家和地区的出口额最高。

纵观普洱茶起伏转折的发展历史,可以看出,特殊的历史条件和独特的地理位置,才孕育出了云南"普洱茶"这一茶中翘楚。

第二章　叶间风华——普洱茶的品鉴、收藏与选购

第一节　普洱茶的主要成分

一、蛋白质与氨基酸

蛋白质（Protein）是组成人体一切细胞、组织的重要成分，是生命的物质基础，是有机大分子，是构成细胞的基本有机物，是生命活动的主要承担者。没有蛋白质就没有生命。氨基酸是蛋白质的基本组成单位。它是与生命及与各种形式的生命活动紧密联系在一起的物质。

茶叶中的蛋白质含量在 20% 以上，但绝大多数都不溶于水，只有约 3.5% 的蛋白质等可溶于水中。茶叶中的氨基酸有 26 种，除了 20 种蛋白质氨基酸存在于游离氨基酸中，另外还检出 6 种非蛋白质氨基酸（茶氨酸、γ-氨基丁酸、豆叶氨酸、谷氨酰甲胺、天冬酰乙胺、β-丙氨酸）。

二、游离氨基酸

游离氨基酸一般是指没有形成肽的氨基酸。茶叶中主要的游离氨基酸有：茶氨酸（占茶叶干重的 1%～2%，占整个游离氨基酸的 70%）；谷氨酸（占

游离氨基酸的9%）；精氨酸（占游离氨基酸的7%）；丝氨酸（占游离氨基酸的5%）；天冬氨酸（占游离氨基酸的4%）。

茶氨酸（L-Theanine）是茶树中一种比较特殊的在一般植物中罕见的氨基酸，是谷氨酸 γ-乙基酰胺，有甜味。茶氨酸含量因茶的品种、部位而不同，其在干茶中占重量的1%～2%。茶氨酸在化学构造上与脑内活性物质谷酰胺、谷氨酸相似，是茶叶中生津润甜的主要成分，其含量随发酵过程而减少。

茶氨酸为白色针状体，易溶于水，具有甜味和鲜爽味，是茶叶的滋味的组分。遮阴的方法能提高茶叶中茶氨酸的含量，增进茶叶的鲜爽味。在茶汤中，茶氨酸的浸出率可达80%，对绿茶滋味具有重要作用，与绿茶滋味等级的相关系数达0.787～0.876。

茶氨酸还能缓解茶的苦涩味，增强甜味。可见茶氨酸不仅对绿茶良好滋味的形成具有重要的意义，也是红茶品质的重要评价因素之一。

三、咖啡碱

咖啡碱（Caffeine）是从茶叶、咖啡果中提炼出来的一种生物碱，分子式$C_8H_{10}N_4O_2$，适度地使用有祛除疲劳、兴奋神经的作用，临床上用于治疗神经衰弱和昏迷复苏。

茶叶中咖啡碱含量为2.5%～5.0%，嫩叶比老叶含量高。咖啡碱具有使人兴奋、提神的功效，还有利尿、分解脂肪的作用。茶叶中还有少量的茶碱和可可碱。普洱茶叶中生物碱主要有咖啡碱、茶叶碱和可可碱，咖啡碱含量较高，为2%～5%；茶叶碱含量较低，只有0.002%左右；可可碱介于两者之间，为0.05%左右。咖啡碱属于含氮化合物，与蛋白质、氨基酸一样，以新陈代谢旺盛的嫩梢部分含量较多，品质好的茶叶含量较高，粗老茶含量较低。

咖啡碱本身味苦，但是与多酚类物质及氧化产物形成络合物以后，能减轻这些物质的苦涩味，并形成一种具有鲜爽滋味的物质。咖啡碱与儿茶素、茶黄素、茶红素、多糖、蛋白质和氨基酸等反应所形成的物质，是普洱熟茶茶汤冷后产生乳凝状物（"冷后浑"）的主要成分。

普洱茶中咖啡碱含量极高，其对人体药理作用非常大，常喝普洱茶，可通过咖啡碱作用而兴奋神经中枢，消除疲劳；咖啡碱抗酒精、烟碱毒害；对人体中枢和末梢血管系统及心波有兴奋和强心作用；有利尿作用；有调节体温作用。当普洱茶中咖啡碱和黄烷醇类化合物融合，可以增强人体消化道蠕动，达到助食物消化，预防消化器官疾病发生的作用。

首先要明白一点，茶叶中都含有咖啡因，只是量多与量少的不同，干茶叶中含2%～4%，越是好茶咖啡因含量越多。咖啡因是在1820年从咖啡中发现的，至于发现茶叶中也含有咖啡因，则是1827年的事了。茶叶几乎是在发芽的同时，就已开始形成咖啡因，从发芽到第一次采摘时，所采下的第一片和第二片叶子所含咖啡因的量最高；相对地，发芽较晚的叶子，咖啡因的含量也会依序减少。咖啡因可以使大脑的兴奋作用旺盛；除此之外，咖啡因中含有的盐基、茶碱，也都含有强心、利尿的作用。茶叶中咖啡因的保健作用显著。

古今中外的专家学者认为茶的保健功能是多方面的。这些功能大部分是咖啡因的作用，咖啡因是1，3，7-三甲基黄嘌呤，是茶叶成分中主要的呤系化合物。概括而言，茶中咖啡因的保健功能和药理效应主要体现在以下八个方面。

（1）兴奋中枢神经。

（2）振奋精神，强化思维，提高工作效率。

（3）增强呼吸功能，提高代谢功能。

（4）强心活血，提高循环系统功能。

（5）帮助消化，强化营养健康。

（6）利尿通便，清除肠道内的残余有害物质。

（7）消毒杀菌，起"人工肝脏"作用。

（8）解热镇痛，对急性中毒有一定的解毒作用。

从以上几方面可以看出，咖啡因对人体生理全局起到全面调控作用，茶叶中咖啡因及其同系物的药效作用，历来为学者专家所肯定。就茶叶中的咖啡因含量与咖啡中的咖啡因含量相比，那是很少的。通过试验发现，每5英两咖啡含100～150毫克咖啡因，英国人则认为茶叶中的咖啡因含量只有咖啡之半。茶中的咖啡因由机体摄入后，迅速脱去部分甲基，进行氧化，并以3-甲基尿酸的形式排出，因此在尿中尿酸既不增加，也不能测出残留的脱去甲基的黄嘌呤，排泄迅速，在体内残留时间不会超过24小时。长期饮茶，由于其在体内转化和排出体外非常迅速，安全度大，因此，运动员正常饮茶只会增强体质，提高竞赛成绩，不会带来不良后果。

现在有提倡饮用咖啡因茶(Decaffeinated Tea)，是可以讨论的，但常饮用只含咖啡因的茶，其失去茶叶的多样元素，而对人体的综合保健功能就减少很多。

四、碳水化合物

碳水化合物（carbohydrate）是由碳、氢和氧三种元素组成，自然界存在最多，具有广谱化学结构和生物功能的有机化合物。可用通式 $C_x(H_2O)_y$ 来表示。由于它所含的氢氧的比例为 2：1，和水一样，故称为碳水化合物。碳水化合物是生命细胞结构的主要成分及主要供能物质，并且有调节细胞活动的重要功能。

茶叶中含 25%～30% 的碳水化合物，但多数不溶于水。茶叶是一种低热量饮料，饮茶不会引起发胖。茶叶中的复合多糖，如脂多糖，对人体具有非特异免疫功能，还有降血糖、抗辐射的功效。

五、色素

色素是一类存在于茶树鲜叶和成品茶中的有色物质，是构成茶叶外形色泽、汤色及叶底色泽的成分，其含量及变化对茶叶品质起着至关重要的作用。

茶叶中的色素分水溶性色素和脂溶性色素两大类。黄酮类、花青素及红茶色素属于水溶性色素，叶绿素和类胡萝卜素属于脂溶性色素。

六、有机酸

茶叶中的有机酸种类较多，其含量为干物质总量的 3% 左右，主要参与茶树的新陈代谢，在生化反应中常为糖类分解的中间产物，是香气和滋味的主要成分之一。通过饮茶，这些有机酸参与代谢，有维持体液平衡的作用。

茶叶中的有机酸与咖啡碱、尼古丁中和生成盐类，盐类大多溶于水，可从尿中排出体外，所以饮茶可解烟毒。此外，茶叶中不同的有机酸还有着不同的功效，尤其是后发酵茶，经过多种微生物作用后，其含有较高含量和较多种类的有机酸。

（一）苹果酸

苹果酸可直接参与人体代谢，被人体直接吸收，在短时间内向肌体提供能量、消除疲劳，起到抗疲劳、迅速恢复体力的作用；有护肝、肾、心脏作用；能促进代谢的正常运行，可以使各种营养物质顺利分解，促进食物在人体内的吸收代谢，其热量低，可以有效预防肥胖，起到减肥的作用；还可以改善脑组织的能量代谢，调整脑内神经递质，有利于记忆功能的恢复，对记忆有明显的改善作用。

（二）柠檬酸

柠檬酸是人体内糖、脂肪和蛋白质代谢的中间产物，是糖氧化过程中三羧酸循环的起始物。临床上，柠檬酸铁铵是常用的补血药，柠檬酸钠常用作抗凝血剂。

（三）水杨酸

水杨酸，又名柳酸，具有清热、解毒和杀菌作用。水杨酸外用对微生物有抑制作用，其防腐力近于酚，但不作为防腐剂使用。水杨酸的局部作用可致角质溶解，可作为角质软化剂使用，因制剂浓度不同而药理作用各异。水杨酸浓度为1%～3%时，具有角化促成和止痒作用；浓度为5%～10%时，具有角质溶解作用，可使角质层中连接鳞细胞间黏合质溶解，从而使角质松开而脱屑，亦可产生抗真菌作用（因去除角质层后并抑制真菌生长，水杨酸能帮助其他抗真菌药物穿透，并抑制真菌生长）；浓度为25%时，具有腐蚀作用，可脱除肥厚的胼胝皮脂溢出、脂溢性皮炎、浅部真菌病、疣、鸡眼、胼胝及局部角质增生。

（四）丙酮酸

丙酮酸，原称焦性葡萄酸，是动植物体内糖、脂肪和蛋白质代谢的中间产物，在酶的催化作用下，其能转变成氨基酸或柠檬酸等，是一个重要的生物活性中间体。

有机酸是茶叶品质成分的重要物质。除了上述有益人体健康的好处之外，有机酸还是一种无污染、无残留、无抗药性、无毒害作用的环保型绿色添加剂，可提高对矿物质的利用率，提高血液免疫指标和酸碱平衡。

七、维生素

维生素（Vitamin），又名维他命，通俗来讲，即维持生命的物质，是人和动物为维持正常的生理功能而必须从食物中获得的一类微量有机物质。这类物质在体内既不是构成身体组织的原料，也不是能量的来源，而是一类调节物质，在人体生长、代谢、发育过程中发挥着重要的作用。

茶叶是富含维生素的饮料，含有维生素C、B、E、A、K、U等多种元素。维生素是人体生命活动所必需的，茶叶中所含的这些维生素对人体健康肯定是有益的。

八、芳香物质

茶叶中的芳香物质，也被称为"挥发性香气组分"，是茶叶中易挥发性物质的总称。茶叶香气是决定茶叶品质的重要因素之一。所谓不同的茶香，实际是不同芳香物质以不同浓度的组合，表现出各种香气风味。即便是同一种芳香物质，不同浓度，表现出来的香型也不一样。

茶叶中的芳香物质主要有中低沸点和高沸点两大类。中低沸点的芳香物质，如青叶醇具有强烈的青草气，杀青不足的晒青毛茶往往具有青草气；而高沸点的芳香物质，如苯甲醇、苯乙醇、茉莉酮和芳樟醇等，都具有良好的花香，它们主要是鲜叶经加工形成的。因此，加工技术是形成茶叶良好香气的关键。

茶叶中芳香物质的种类很多，其中多种芳香物质对人体都是有益的，有的可分解脂肪，有的可调节神经系统。

九、皂苷类物质

茶叶中含有茶叶皂苷，研究表明茶叶皂苷具有抗炎症、抗癌、杀菌等多种功效。

十、茶多酚

茶多酚是茶叶中主要的功能性成分，是茶叶中多酚类物质的总称，苦涩味是它主要的显味物质。

茶多酚的主要作用是清除自由基。研究表明，茶多酚由于其结构的特殊性在药理药效方面有独特的作用。

（1）对辐射损伤具有防护作用和降低有害酶的活性。

（2）抗突变的作用。

（3）抗肿瘤的作用。

（4）抗衰老的作用。

（5）调节免疫力的功能。

（6）防治肾病。

（7）对心脑血管疾病有显著功效。

十一、矿物质

矿物质(Mineral)，是构成人体组织和维持正常生理功能必需的各种元素的总称，是人体必需的七大营养素之一。矿物质和维生素一样，是人体必需的元素。矿物质无法自身产生、合成，每天矿物质的摄取量基本确定，但随年龄、性别、身体状况、环境、工作状况等因素有所不同。

茶中含有丰富的钾、钙、镁、锰等11种矿物质。茶汤中阳离子含量较多而阴离子较少，属于碱性食品，可帮助体液维持弱碱性，保持健康（亚健康人群基本是弱酸体质）。

（1）钾：促进血钠排出。血钠含量高，是引起高血压的原因之一，多饮茶可防止高血压。

（2）氟：具有防止蛀牙的功效。

（3）锰：具有抗氧化及防止老化之功效，增强免疫功能，并有助于钙的利用。

第二节 普洱茶的品鉴与欣赏

一、喝普洱茶的四种境界

中国是最早发现和利用茶叶的国家。从神农尝百草开始，茶叶经历了从药用到饮用、从奢侈品到普通日常饮料的过程。所以茶叶可俗可雅，雅俗共赏。俗到开门七件事，柴米油盐酱醋茶，成为日常生活之必需；雅至琴棋书画诗酒茶，进入七大雅事之列，能登大雅之堂。在这俗雅之间，喝普洱茶可以分为四种境界。

（一）生活之境

普洱茶之生活之境：从元代开始，茶就从奢侈品变成了平民百姓的生活必需品。教你当家不当家，及至当家乱如麻；早起开门七件事，柴米油盐酱醋茶。茶成为和柴米油盐一样重要的生活必需品。日常生活中，饿了吃饭，渴了喝茶。无论是喝还是饮，那都是身体之必需，生理之需要。如果喝普洱茶只是为解渴而饮，那就还是处于生活之境。

（二）世用之境

普洱茶之世用之境：在人际交往中，普洱茶充当了最好的稀释剂、润滑剂、调节剂或者黏合剂的作用。在人际关系的聚散和迎来送往中，普洱茶这雅俗皆宜之物，可以恰如其分地充当醉翁之意不在酒、普洱之意不在茶的角色。如果喝普洱茶只是当作朋友聚会媒介，作为情感交流的平台，作为维系关系的纽带，那喝普洱茶就处在世用之境。

（三）诗意之境

普洱茶之诗意之境：无论三五朋友小聚，还是柳荫月下独酌，花好月圆，春宽梦窄。不管是茶楼小聚，曲水流觞，还是流水白云，自采茶煎；得遇一壶好的普洱茶，不仅身体得到极大的满足，而且精神得到充分愉悦。普洱茶成了人们升华生活方式的载体。茶与诗词，茶与歌舞，茶与书法，茶与字画，茶与佛，茶与道，茶与禅，茶与花道、香道，这些和普洱茶的有机结合，使人的身体潜能得以充分发挥，才华得以充分展现，精神得以升华，平凡的生活更加丰富多彩，精神世界更加充实。如果喝普洱茶不仅是身体满足，而且感觉到愉悦心身、激发潜能，就进入了诗意之境。

（四）天人之境

普洱茶之天人之境：这是喝普洱茶的最高境界，不必在意新老生熟，不会计较器皿物件，不会注意身外之物，此时此刻只要有人有茶，就能心灵空明，茶人一体，我即是茶，茶即是我，实现茶与人的心灵交流，物人对话。能达到茶人合一、物人对话境界的人不多，但确实有。只要努力去用心感悟，说不定有一天就达到了这种境界。

二、普洱茶品饮前的功课

这里所说的普洱茶品饮前的功课不是指一般茶叶品饮前的备茶、备水、洁具等普通工作，而是指普洱茶在品饮前必须做且能提高品饮感受的工作，主要有开茶和醒茶等内容。

（一）普洱茶的开茶

普洱茶绝大部分是紧压茶，砖、沱、饼、瓜，一个个都压得紧紧的。喝茶之前首先得开茶，没有过经历的朋友可能就犯难了，用手掰的，用榔头砸的，用螺丝刀撬的，甚至还有把菜刀都用上的。开茶本身也是一项技术活，究竟应该怎样正确开茶？

开启普洱紧压茶有两种方法：一种是传统的开启方法，就是用高温蒸汽蒸散；另一种就是借助工具(茶刀或者茶针)开启。

1. 蒸散法

普洱紧压茶本身就是利用高温蒸汽将茶叶蒸软，然后压紧成团的。蒸散法就是再次利用高温蒸汽将茶叶蒸散还原。

（1）方法。准备一口蒸锅，蒸馍的锅比较好，但要注意清洗干净，大小以能放下要蒸的茶为宜；再在上面铺上干净的纱布，在水烧开后将茶叶放上去。

蒸的时间长短主要根据茶体大小和蒸汽强弱来定，一般也就是三五分钟，体形大的茶需要蒸的时间要长，体形小需要蒸的时间就短，原则上是茶叶里外都软化了就可以将茶叶拿出来。

茶叶出锅后要趁热迅速将茶叶揉散，摊凉在准备好的竹盘或者干净的纱布上，放在阴凉处晾干，直到茶叶用手一捏就能碎成粉末时方可装入容器内存储。

蒸散的茶叶要在茶罐中存放2～3个月，茶叶自然的香气出现后就可以饮用了。

（2）优点。一是能有效地保持茶型的完整，不碎茶；二是对铁模和机械压制紧实的茶、手工不易开启的茶，如沱茶和机械压制的砖茶、饼茶，蒸散法是不错的选择；三是一些有轻微异味或者轻微仓味的茶，通过蒸散能挥发掉大部分的异味和仓味。

（3）缺点。高档普洱茶如果通过蒸散法开茶，对茶叶的香气影响较大。所以通过蒸散法开启的茶叶必须经过较长时间的存放，香气才能重新聚集回来。

2．工具开启法

工具开启法就是利用茶刀或者茶针将紧压茶弄散，一般叫作开茶、启茶或者撬茶。

（1）方法。首先准备工具，就是茶刀或者茶针。茶刀适合开启比较松的老茶、手工石模压制的饼茶和个体比较大的茶体；茶针适合开启体形较小的沱茶、小饼和机械压得紧实的饼茶、砖茶。

开茶时，刀应该顺着茶的纹路由外及里慢慢地均匀用力，不能用蛮劲；还要进退有度，在茶刀遇阻的地方就换个方向再开；把握好落刀点、方向和力度；撬出来的普洱茶整而不碎，大小均匀，厚薄适中，才适合冲泡。

茶砖、茶饼的开茶：茶砖和茶饼的茶条基本上是一层一层地分布，因此，开茶时茶刀应该选择从饼和砖的侧面进刀，再一层一层地启开；而不是选择在砖茶或者饼茶的面上下刀，这样不仅刀进不去，而且伤茶，弄出来的茶肯定都是碎末（见图2-1、图2-2）。

普洱茶艺术

图 2-1　普洱饼茶的开启　　　　图 2-2　普洱砖茶的开启

瓜茶、沱茶的开茶：瓜茶和沱茶的茶条是呈圆形包裹状分布，开茶时茶刀应该从瓜或者沱的外侧面下刀，再一层一层地剥开；而不是选择在瓜或者沱的顶部或者底部下刀，这样是很难打开的（见图 2-3、图 2-4）。

图 2-3　普洱瓜茶的开启　　　　图 2-4　普洱沱茶的开启

竹筒茶：竹筒茶首先用刀将竹筒劈开，取出圆柱形茶叶，然后用茶刀或者茶针开成 5～8g 的茶片备用。

茶柱：茶柱茶体很大，一般去除外包装后再分段取茶，用大茶刀先分成一千克左右的段，然后用茶刀开成薄片，再将薄片分成小块备用。

（2）优点。工具开茶有两大优点：一是方便，随时随地都可以进行，不像蒸散法，得准备蒸锅，加温设备，还得晾干存放；二是不伤茶性，香气口感不受影响。所以，工具开茶是广大茶友最广泛使用的开茶方法。

（3）缺点。工具开茶最主要的缺点就是容易碎茶，特别是压得比较紧实的茶，一饼茶撬下来，碎末不少。

3．注意事项

（1）蒸散适度。蒸散时一定要注意不能蒸得过度，以松散能揉开就行，蒸过度了茶汁流出，对普洱茶的香气、茶气影响很大。对于体形大的紧压茶，可以二次蒸，第一次将蒸软的茶揉下来后，将里面没有蒸软的再继续蒸一次，不能因为里面的还没有松软而长时间蒸着。

(2)正确使用茶刀。

①用工具开茶时需要注意保护自己的手不要被茶刀所伤。茶刀的行进方向应该和握茶的手指方向一致,如果和握茶的手指方向相对是很容易伤手的。

②用茶刀开茶时,当茶刀进入茶饼后,应该适当用力将茶刀柄抬起将茶饼撬开,从而减少碎茶,而不能将茶刀旋转使茶饼撬开。

(二)普洱茶的醒茶

之所以说普洱茶是有生命的茶,是因为普洱茶在存放过程中确实一直在不断变化,而且普洱茶在存放过程中微生物活动也全程存在。普洱茶从长时间的存放到打开饮用,从紧压到解压,从密闭到开放,从沉睡到唤醒,需要一个过程,这个过程就叫醒茶。

1. 普洱茶需要醒茶

(1)实践证明普洱紧压茶需要醒茶。喝普洱茶都会有这样一种体验,一饼茶撬开后,在随后的品饮过程中感觉到越来越好喝,一饼茶喝完后,再开一饼同样的茶,感觉没有前面的好喝,但喝着喝着又好喝了。这种差异其实就是醒茶造成的。刚撬开的茶没有经过醒茶,在后来慢慢地品饮过程中,也就是醒茶过程,所以会感觉越来越好喝。

(2)普洱紧压茶内含物的转化需要醒茶。众所周知,普洱茶属于紧压茶,需要长期存放,而且越陈越香。普洱茶压制成型后十分紧实,茶体中几乎没有空隙,包装也十分严密,单饼包装后要整体包严,然后还要整件签封。在长期的存放过程中,茶叶在微生物和湿热的作用下一直在慢慢地转化、分解、氧化、聚合、络合,在密闭、紧压、缺氧的环境下,紧压茶在转化过程中会形成大量的中间体,这些中间体在开放环境中撬开后和空气中的氧气接触,其转化速度是很快的,也许可以达到正常储存时期的若干倍。就像一盆炭火,上面有灰烬盖着,可能都不知道里面有火,但只要将上面的灰烬去掉,就会立刻散发出光和热来。所以,醒茶会起到事半功倍的效果。

(3)醒茶可以帮助仓储不良的老茶去掉部分异味。普洱老茶经过长时间的存放,大部分都不是在标准的仓储状态下存放的,所以有些仓味、潮味、闷味、泥腥味、土腥味、木头味等不正常的异味在所难免。这些老茶喝前通过醒茶可以散发掉部分异味,喝起来更加纯正舒适。

2．普洱茶如何醒茶

（1）正常普洱茶的醒茶。普洱紧压茶无论生熟，无论瓜、饼、砖、沱，饮用前首先要开茶。开茶可以根据需要选用蒸汽开茶法或者工具开茶法，原则上压得紧实、难以手工开启的紧压茶和有轻微异味的茶可以选用蒸汽开茶。蒸汽开茶将茶蒸软后揉散，晾干，然后装入茶缸内避光保存，一般2～3个月就可以达到醒茶效果了。

工具开茶法就是用茶刀或者茶针将紧压茶撬开，撬成厚薄均匀、颗粒大小基本上差不多的小块，然后装入茶缸内，避光保存1～2个月，醒茶就基本上完成了。

（2）有异味的普洱茶的醒茶。普洱茶在存放过程中如果串味了，有轻微的异味或者仓味，在去掉包装后首先在通风干燥的阴凉处晾上几天，异味减轻后再开茶。开茶后还要继续在干燥阴凉处晾放，等到基本上闻不到异味后才能装入茶缸，在茶缸中避光存放2～3个月就可以达到醒茶目的。

3．冲泡前的醒茶

如果前面的醒茶叫作干醒，那么冲泡前的醒茶就可以叫作湿醒。湿醒是普洱紧压茶最后的醒茶，也是彻底激活普洱茶的关键一步。

大家都熟悉普洱茶的洗茶，也有人叫作润茶，就是泡茶前用沸水将茶叶冲洗一遍。洗茶和醒茶表面一样但内涵却有本质的不同，关键是看泡茶人的目的。如果泡茶人把这一过程当作洗茶，目的是清洗一下茶叶表面的灰尘杂物，就会用沸水冲洗一下茶叶，倒掉后就会进入正规的泡茶程序；如果泡茶人把这一过程当作醒茶，目的是在泡茶前彻底地唤醒和激活茶叶，就会适当降低水温，注水后会浸润几秒钟再出水，出水后还会停留几秒让茶块浸润松散得差不多了才会注水进入正常泡茶程序。

一样的动作和步骤，不一样的内涵，泡出来的茶汤口感是不一样的。

这是正常紧压茶的湿醒法，要是不正常的紧压茶，如一些湿仓老茶，湿醒就比较复杂了。下面介绍两种湿仓老茶的湿醒法。

（1）水浴法。对一些湿仓老茶，湿醒法除了激活茶叶外，还有去除仓味的目的。方法是将仓味重的茶叶放入紫砂壶中，然后用沸水反反复复地浇淋壶身，使壶内的茶叶受热、松弛、膨胀，将茶叶中的异味随着水汽散发出来，从而减轻仓味。

（2）气浴法。气浴法与水浴法原理一样，方法略有区别。气浴法是将烧水壶的壶盖揭开，水沸后将放好茶叶的紫砂壶置于其上，让蒸汽加热壶身使茶叶受热、松弛、膨胀，将茶叶中的异味随着水汽散发出来，从而有效减轻仓味。

三、普洱茶的鉴赏

普洱茶的鉴赏主要从色、香、味、气、韵五个方面来感觉、体验和鉴赏。

（一）普洱茶之色

"色香味形"是构成茶叶审评的四要素。其实不仅是茶叶审评，在饮食文化中衡量美食标准的四要素也是"色香味形"。在四要素中色排在首位，这是因为颜色是早于香和味进入视野和大脑。鲜艳、明亮、活泼的色泽就能勾起食欲。

普洱茶的颜色也是影响普洱茶品质高低的因素之一。一款新茶，看干茶颜色就可能判断其原料级别的高低；一款老茶一看干茶颜色就可以判断其仓储状况。还有就是汤色，普洱茶老喝家一看出汤颜色大概就能判断这款茶的原料档次、仓储情况和大概年份了。

普洱茶的迷人之处很大程度上在于茶汤的赏心悦目。一款上好的普洱茶，其汤色带金圈，如油裹，像凝脂，似宝石，比玛瑙、琥珀还要光彩夺目、艳丽迷人，在还未品味茶汤之前，就已经开启了视觉盛宴。

普洱茶的色泽主要由干茶色泽、茶汤颜色和叶底色泽三个方面组成。

1. 普洱干茶色泽

普洱干茶的颜色可以帮助辨别普洱新茶原料档次的高低，辨别普洱老茶的仓储状况。

（1）普洱生茶色泽。普洱生茶新茶呈暗绿色，级别高的新茶显毫，呈银灰色甚至银白色，随着存放时间延长，颜色越来越深，由暗绿色到暗黄色；老的生茶色泽暗红色或者红褐色，有油润光泽（见图2-5）。湿仓或者霉变的生茶色泽灰暗或者暗褐色，枯燥无光泽。

图2-5 油润漂亮的老生茶干茶色泽

（2）普洱熟茶色泽。普洱熟茶干茶色泽呈褐色，高级别熟茶芽头多，呈红褐色，低级别熟茶呈暗褐色；老的熟茶呈深褐色，油光显露。

2. 普洱茶汤色

普洱茶在冲泡过程中给人的第一印象就是汤色，好茶必有好的汤色，不喝就能有几分感觉，油亮艳丽的茶汤肯定会有不错的口感。

（1）普洱生茶汤色。普洱生茶新茶的汤色黄绿明亮，随着存放时间延长，汤色会越来越深，由黄绿、黄亮向橙黄、橙红、栗红转变。无论任何阶段的生茶茶汤，要亮不能暗，要透不能浑（见图2-6）。

（2）普洱熟茶汤色。普洱熟茶新茶汤色红浓，随着存放时间延长，汤色由红浓向红明、红亮、透亮、油亮、红艳转变。和生茶汤色一样，熟茶汤色要明、透、亮、油、艳，不能浑、暗、黑、沉（见图2-7）。

图 2-6　油亮的生茶汤色　　　图 2-7　漂亮的宝石红熟茶汤色

3. 普洱茶叶底颜色

普洱茶叶底颜色是对普洱茶原料、工艺和仓储好坏的验证因素之一（见图2-8）。

图 2-8　光泽匀整的叶底

（1）普洱生茶叶底颜色。普洱生茶新茶叶底黄绿光亮，色泽匀整，由新到老叶底颜色变化是由黄绿、浅黄、栗黄、浅红、栗红到深红。无论任何时期的生茶叶底都要明亮匀整，花、杂、暗、黑、褐都不是好的生茶应该有的色泽。

（2）普洱熟茶叶底颜色。普洱熟茶叶底褐色，或者暗褐色、暗红色，色泽匀整，有光泽；熟茶叶底黑色或者黑褐色都不是正常的色泽。

判断普洱茶的好坏次劣，就从"察颜观色"开始，辨别哪些颜色是普洱茶正常的颜色，哪些是不正常的颜色，碰上不正常的颜色，就需要特别小心。

（二）普洱茶之香

普洱茶的香气是普洱茶审评的重要因素之一，也是构成普洱茶品质的重要组成部分。普洱茶香型十分复杂，目前已经分离出来的香型就有100多种。普洱茶香气的类型、雅俗、高低、长短、浓淡、纯杂决定着普洱茶档次的高低和优劣。

普洱茶的香气重在自然，浓而不腻，清而不扬，重而不闷，显而不繁，以雅致、内敛、含蓄、深沉、稳重而受到普洱茶爱好者称道和追崇。

1. 感受普洱茶香

品鉴普洱茶首先要学会鉴赏普洱茶之香。在整个普洱茶冲泡品饮过程中，可以全程感受香型的千变万化，体验普洱茶香带来的精神享受和身体上的愉悦。

闻香鉴别普洱茶的优劣，也得从全程中去感受，从细节中去辨别。

（1）感受普洱茶的正常香气。感受普洱茶的香气纯杂、雅俗、高低、长短，是否有不正常的水味、闷味、腥味、堆味、沤味、烟味、霉味、泥腥味、土腥味、馊酸味等。

（2）从各环节辨别不同的香味。

第一，开箱或者开包闻香。整箱茶开箱，或者整提茶打开时，闻一闻箱内是茶香还是有异味。特别是老茶，开箱味可以帮助辨别茶叶的仓储情况，干仓茶开箱就能闻到愉悦的自然的茶香；湿仓茶或者受潮的茶开箱会闻到闷味、潮味、霉味。

第二，开茶闻干香。一饼茶打开包装后首先闻闻茶饼的香气，新的生茶应该闻到正常的茶叶清香，不应该有其他的非茶异味；老生茶应该闻到陈香或者木香，不应该有霉味、闷味、腥味。新的熟茶应该以熟香为主，有少许堆味是正常的，但不应该有馊酸味或者霉味；老熟茶应该以陈香为主，不能有霉味、闷味、潮味。

如果干茶闻茶饼面或者饼背面香气太弱或者不典型，还可以在茶饼开启后闻一闻茶饼上刀痕（刀痕香）处的香，这里的香气要比饼面明显得多。

第三，冲泡鉴香。普洱茶冲泡时应该从以下三个方面鉴别茶香。

一是洗茶后闻茶底香。普洱茶的茶底香主要用以鉴别异味，有异味的茶底特别明显，轻微的异味在杯香上可能显露不出来，但在茶底就比较明显，比如轻微的湿仓味。

二是品茶时感受茶汤香。好茶、老茶香气入汤，汤香从两个方面去感受：①茶汤入口感觉茶汤是否带香；②茶汤咽下去后口腔和唇齿间是否留香。

三是喝茶后闻挂杯香。好的普洱茶挂杯香非常迷人，经常可以看到品茶人在不停地闻着手中的盏底香。挂杯香可以热闻、温闻和冷闻：热闻辨异味，温闻分高低，冷闻看香气持久度。

2. 普洱生茶之香型

普洱茶香型非常复杂，就生茶而言，新茶和老茶香型差异还很大。

（1）普洱新生茶的香型。生茶新茶正常的香型有太阳味、青香、清香、甜香、花香、毫香、蜜香、糖香、果香、菌香等。这还只是个大概香型，如花香还能分出很多典型的和非典型的花香，果香还能分出很多具体类型的果香。

新的生茶不正常的气味有烟味、水闷味、泥腥味、铁锈味、焦味、馊酸味。总之，不是茶叶本身的香气都属于异味，是不应该有的。

（2）普洱老生茶的香型。普洱老生茶正常的香型有甜香、花香、蜜香、醇香、樟香、荷香、沉香、陈香、木香、参香、药香。

普洱老茶不正常的气味有土腥味、泥腥味、水闷味、沤味、湿仓味、霉味以及其他一些不正常的刺激性味道。

3. 普洱熟茶之香型

普洱熟茶正常的香型有熟香、普香、醇香、糯香、枣香、樟香、荷香、甜香、陈香、参香、药香。

从香型上可以区别新老茶：一般新茶以熟香、普香、醇香、糯香为主，老熟茶以甜香、陈香、参香、药香为主。

从香型上也可以区别原料档次高低：高档熟茶香型以荷香、樟香、糯香为主，中低档熟茶香型以甜香、普香、枣香为主。

普洱熟茶不正常的气味有水、闷味、堆味、泥腥味、土腥味、仓味、馊酸味、霉味。但需要说明的是，新熟茶有点堆味是正常的，通过一段时间存放，堆味会很快散去。

（三）普洱茶之味

普洱茶之味是品饮普洱茶最实在的体验，也是最重要的感受之一。无论是喝茶、品茶还是饮茶，普洱茶就是喝的，所以口感味道是很重要的。普洱茶的味觉包括两个方面：一是茶汤入口时口腔的生理感觉，二是茶汤咽下后的口腔的生理反应。

不同的普洱茶由于树种不同、山头不同、季节不同、原料级别不同、生产工艺不同、储存时间不同、储存环境不同等原因，口感千差万别，百茶百味，这也正是普洱茶的迷人之处。感受普洱之味应从以下四个方面去体验。

1. 茶汤入口对味蕾的直接刺激

舌头是人体感觉味道的主要器官，各种味道都是通过舌面上的味蕾来感知的，酸、甜、苦、咸是四种最基本的味道，但通过这四种基本味素的不同组合可以产生无数不同的味道。

舌面上味蕾的分布和对不同味道的敏感度是不一样的。舌尖对甜味比较敏感，舌根对苦味比较敏感；舌的两侧后部对酸味敏感，舌的两侧前部对咸味敏感。所以茶叶审评品尝茶汤滋味时会用力将茶汤吸入口中，并用舌头将茶汤迅速在口腔中翻转几次，让茶汤与口腔舌面充分接触，全方位地感受茶汤的味道。

在品饮普洱茶时，一般不会像审评那样让茶汤在口腔中打转，但在茶汤入口后可以让茶汤在口腔内停留数秒时间，让茶汤与舌面充分接触，并浸润到口腔每个角落，感受茶汤的酸、甜、苦、咸，以及由此演化而来的甘、鲜、活、沙、麻、涩、辣、利、刺、叮。好的普洱茶入口感觉是甘甜、鲜活，新的生茶会有适度的苦涩，一些熟茶和部分野生茶可能会有轻微的酸味，其他的咸、麻、辣、利、刺都不是普洱茶正常的口感。

需要说明的是，一款好的普洱茶，其内含物比例协调，入口后单一的味道都不会特别突出，茶汤和口腔的融合度特别好，口感很舒服，回味无穷。

2. 口腔对茶汤浓厚度的体验

除了味蕾以外，舌部和口腔还有大量的触觉和感觉细胞，这些触觉和感觉细胞对茶汤的汤质浓淡、厚薄、粗细、纯杂十分敏感。品味普洱茶，茶汤的汤质是口感的重要组成部分。茶汤的汤质可以用浓酽、浓厚、醇厚、纯厚、厚实、平和、平淡、淡薄、寡水等来描述。

茶汤浓酽、浓厚、醇厚是好茶的表现，说明茶汤内含物十分丰富；茶汤纯厚、厚实、平和是普通茶的表现，说明茶汤内含物一般；茶汤平淡、淡薄、寡水是低档茶的表现，说明茶汤内含物低。

3. 咽喉对茶汤滑顺度的感觉

构成普洱茶口感的组成部分之一是茶汤的水路，也就是茶汤流过口腔和咽喉的感觉。茶汤水路分为细、腻、绵、滑、柔、厚、稠、粗、涩、硬、寡、薄等。好的普洱茶汤细、水柔、绵滑、稠厚、质感好、层次分明；低档普洱茶水路粗、涩、硬、寡、薄。

4. 茶汤咽下后口腔的回味

回味、体味、玩味是体验普洱茶味的一大乐趣，普洱茶与其他茶的不同之处在于除了口感以外还有丰富多变的回味。

普洱茶回味包括回甘、回甜、生津、润喉、喉韵、收敛、叮嘴、锁喉等。可以根据回甘快慢、强弱以及持续时间的长短来判断普洱茶档次的高低；生津也分舌面生津、两颊生津、满口生津和舌底鸣泉；还可以根据喉韵深浅来判断一款老茶的年份，越老的普洱茶喉韵越深远；叮嘴、锁喉是普洱茶不正常的回味，一般是湿仓茶、霉变茶，或者是原料和工艺有问题的茶才会出现。

喝惯了普洱茶的人，会难以接受喝别的茶，主要是因为普洱茶味的丰富以及无穷回味的魅力，让人有种"五岳归来不看山"的感觉。喝过普洱茶的人舌尖上、喉咙里、精神上都有了记忆的DNA，那是一种绵长、醇厚、曲径通幽的古味儿，那是只可意会不可言传的感受。

（四）普洱茶之气

普洱茶的茶气是普洱独特的魅力所在，是老茶人孜孜追求和津津乐道的感受。但普洱茶气比较难以捉摸，它不像普洱茶香气、口感那么直接，那么容易体验到。所以，有些普洱茶品饮者所说的"这茶的茶气很足"，有可能是：这茶香气很浓郁，这茶内含物很丰富，这茶茶汤很浓酽，这茶很苦涩……其实这些都不是茶气，所有口腔感觉到的都是茶的口感。

正因为普洱茶"茶气"难以捉摸和体验，所以能体验到"茶气"的品饮者就特别看重"茶气"，而不能体验到"茶气"的一部分品饮者则认为"茶气"是虚无缥缈的东西，是吹嘘的、不存在的。不过，现在有一个更为恰当的词代替"茶气",那就是"体感",就是身体对茶的反应。

身体对食物、饮料、药物都会有反应,这很正常。茶叶中含有咖啡碱、茶碱、多酚类、多种氨基酸、多种维生素、果胶类、色素类、多种可溶性糖。普洱茶是云南大叶种茶,内含物更加丰富,水浸出物含量更高,品饮后身体有反应就很正常了。只是有些人敏感,有些人不太敏感;有些人喝茶时用心在体验茶气,有些人只注意口感,不在意体感。唐代诗人卢仝对茶气的感受和描述都很细腻:"一碗喉吻润;二碗破孤闷;三碗搜枯肠,惟有文字五千卷;四碗发轻汗,平生不平事,尽向毛孔散;五碗肌骨清,六碗通仙灵;七碗吃不得也,唯觉两腋习习清风生。蓬莱山,在何处?玉川子,乘此清风欲归去。山上群仙司下土,地位清高隔风雨。安得知百万亿苍生命,堕在巅崖受辛苦!便为谏议问苍生,到头还得苏息否?"他把茶气的初级、中级、高级感受描写得淋漓尽致。

1. 普洱茶品质和茶气的关系

初喝普洱茶者一般会感觉普洱茶"很深","深"就可能深在普洱茶之气。但只要对茶气有感觉的品饮者都会有一种直观的印象,就是越是好茶、老茶,茶气越足,低端茶就感觉不到茶气。那么茶气究竟和普洱茶品质有什么关系呢?

(1)内含物是茶气的物质基础。茶气在体内的形成和运行是需要物质基础的。这种物质基础就是普洱茶内含物和水浸出物,普洱茶原料是云南大叶种,其水浸出物含量达46%～48%,勐库大叶种检测到的水浸出物含量最高达到52%,而一般中小叶种水浸出物含量只有32%～38%。同样是云南大叶种,不同级别的原料水浸出物含量会有很大差异,一芽一叶到一芽三叶水浸出物含量最高,黄片、老叶、老梗含量最低。所以能感觉到茶气的普洱茶一定是内含物丰富,茶汤浓厚度好,口感浓酽、厚实、饱满的普洱茶;茶汤淡薄寡水,粗老的普洱茶肯定是感觉不到茶气的。

(2)时间是茶气的沉淀过程。普洱茶是有生命力的茶,普洱茶在合适的存放环境下,其内含物在微生物作用下,一些不溶于水的大分子化合物如蛋白质、多糖、不溶性果胶会分解成可溶于水的氨基酸、单糖、可溶性果胶,水浸出物含量更高。所以新茶能感觉到茶气的很少,能感觉到茶气的新茶一定是树龄特别长的名山古树茶。但老茶就不一样,一般存放20年以上的老茶大部分都能感觉到茶气,而且存放时间越长,茶气越足。所以说茶气需要时间慢慢沉淀。

2. 对茶气体验的级别

普洱茶品饮者对茶气的敏感程度各不相同，这是由于主观和客观两个方面造立的。主观上，有些品饮者只注意茶的香气口感，没有在意身体的反应；而另一部分消费者恰恰相反，这类品茶人十分注意身体的反应，甚至把注意力主要放在体感方面。客观上，有一部分消费者本身属于气功练习者、出家人、中医医师和素食主义者，对茶气和茶气走向更加敏感。

根据身体对茶气的敏感程度，可以分为初、中、高三个级别。

（1）初级。初级阶段的人平时喝普洱茶就没有注意体感，主要的注意力都集中在口感上；但通过提醒，在喝到好茶时，会有胃部发热、打嗝、身体毛孔张开、出微汗等感觉。这种发汗和天气闷热身体出汗的感觉是不一样的。天气热身体出汗人会感觉闷热，不舒服；喝普洱茶茶气的作用使身体毛孔张开，出微汗，人没有闷热不舒服的感觉，身体感觉是很舒适的。

（2）中级。中级阶段的人品饮普洱茶时，会留意茶气的感觉以及身体的反应，喝到好的普洱茶时一般能感觉到胃部会有一股暖气生成，慢慢地扩散至全身，毛孔散发出热和汗，全身轻松，心情愉悦，思绪清晰。茶气上浮会在脑门儿有热感，茶气下沉会在丹田有热感。

（3）高级。对茶气敏感的人在品饮普洱茶时会特别留意茶气的走向，茶气在体内形成后，沿经络运行，能清晰地感觉茶气的运行方向；品饮茶气足的普洱时，能感觉到茶气在骨骼中渐渐凝聚，滋养着全身肌骨，有一种筋骨轻松、肌肤爽滑的舒适感；如果茶气进一步增加，就会有一种全身心轻松的愉悦感，仿佛置身于飘然安逸的意境里，有飘飘欲仙的感受。

3. 茶气提升品饮普洱茶的精神境界

人们常说"茶人的最后一站是普洱"，普洱茶为什么能把品茶人留住？品饮普洱茶与其他茶最大的区别可能就是茶气了。平时喝普通茶，解决的就是生理需要，满足的是视觉、嗅觉和味觉，体验的是色香味形。但品饮普洱茶时，正是由于普洱茶的茶气和体感，除了色香味形的视觉、嗅觉、味觉体验以外，更诱人的是茶气给品茶人带来身心的愉悦和精神享受。普洱茶成了人们生活方式和精神生活升华的载体，使平凡的生活更加丰富多彩，精神世界更加充实愉悦。一壶陈年老茶，就能使人心灵空明，物人合一，茶人一体，我即是茶，茶即是我，实现茶与人的心灵交流，物人对话。

（五）普洱茶之韵

普洱茶之韵是比普洱茶茶气更加难以形象、描述的主观感受，比如一个人唱歌，其旋律、音调、节奏都不准确，那肯定不中听；如果其旋律、音调、节奏都准确，也不一定就很动听，这叫有声无韵。在评价人物时，一位女士即便身高、体形、五官都很好，但眼无灵气，言语粗俗，缺乏教养，那一定是有形无韵；如果一位女士身高、体形、五官都好，加上举止优雅，谈吐文雅，彬彬有礼，方显风度韵味。

1. 普洱茶韵

普洱茶之韵味比较难以界定，但可以说普洱茶之韵味是普洱茶各项优秀品质的综合体现。如果一款普洱茶在色香味形气等方面有明显的缺点或缺陷，这款茶肯定就失去了韵味。例如，一款茶用料级别很高，可能是名山古树，但如果是工艺环节出了问题，或者是存放环境出了问题，在品饮过程中出现异味、烟味、焦味、闷味、霉味、馊酸味、泥腥味、土腥味、铁锈味、腥味等，这茶肯定和韵味无缘；如果一款茶单一味道特别突出，如特别的苦、涩、酸、咸，茶汤没有协调感，适口感差等，这茶也谈不上有韵味了。老茶无论存放时间多长，如果出现霉变、湿仓，茶汤锁喉、叮嘴、麻舌，喝得身体都不适了，还能谈茶韵吗？

2. 体会普洱茶韵

（1）感觉香韵。一款好的普洱茶，无论其新老，其干茶香、盏底香、茶汤香，还是唇齿之间的留香，香气一定纯正、雅致、自然，浓而不腻，清而不扬，恰到好处；其花香、蜜香、果香、醇香、陈香、沉香、参香，都会不张不扬，不腻不繁，却能沁人肺腑，清心醒脑，入筋彻骨。

（2）品味茶韵。一款好的普洱茶，茶汤一定饱满、醇厚、层次分明；水路绵柔、滑顺；内含物协调、适口感好；回甘生津快而持久，品后唇齿留香，神清气爽，韵味十足。

（3）回味喉韵。普洱新茶的感觉和韵味基本上局限在口腔里，回甘持久也好，满口生津也罢。但普洱老茶就不一样了。一款好的老茶喝下来，其韵味不仅停留于口腔，咽喉部位也会非常甜顺和舒适，称为喉韵。但其必须在仓储环境好的情况下存放，如果在湿仓环境下存放，茶叶受潮霉变，不仅没有喉韵，还会有锁喉等咽喉不适的感觉发生。干仓环境下存放的老茶，存放时间越长，其喉韵愈加深远。

（4）体味气韵。除了普洱茶没有其他哪款茶需要用整个身体来感受，普洱茶的体感是普洱茶韵味的重要体现。因为普洱茶气，把品饮普洱茶从视觉、嗅觉、味觉享受，提升到整个身体的舒适和精神的愉悦；从物质层面的需求跃升到精神层面的享受。一泡茶气足的普洱茶，品饮后会有浑身轻松、心情愉悦、神清气爽、飘飘欲仙之感。

普洱茶韵犹如听音乐时的"余音绕梁"，欣赏画作时的"妙笔生辉"，与渊博学者交流时的"如沐春风"，观看美景时的"山色空无"。

品鉴普洱茶，没有什么秘诀，只要多喝多比较，用心去品，用心去感受，和茶友多交流，就会自然感受到普洱茶的魅力。

四、普洱茶的冲泡技巧

好多茶友都有这样一种体验：同一款茶，在不同地点、由不同的人冲泡出来会有很大差异；同一款茶，同一个人在不同时期、不同环境下也会泡出不一样的感觉来。有些茶友买了一款茶，在茶店喝感觉很好，但回家后自己就泡不出那种口感了。造成这些现象的原因除了身体（身体状态不佳或者感冒造成味觉不敏感）以外，就是冲泡技巧问题。

想要用冲泡技巧泡好茶，就是要了解每一款茶的茶性，看茶泡茶，扬长避短。要充分利用器、水、温度、时间等影响因素，最大限度地把茶的优点充分展现出来，把茶的缺点掩盖起来。

其实在茶店泡茶，如果客人要挑选茶叶，看一款茶的好坏时，这时应该把茶叶的优缺点都展现出来，供客人购买参考。而在家里泡茶，朋友聚会品茶，或者在茶楼喝茶时，应该充分运用冲泡技巧，泡出每一款茶叶最好的感觉来。

普洱茶的冲泡技巧会考虑多种因素，包括醒茶、器具选择、用水、投茶量、水温、冲泡时间、注水方式、出水方式、温杯和冲泡间隙等，都会影响茶的口感。对于一些有异味、湿仓味、渥堆味的茶品，也可以采用一些冲泡技巧进行改善。

（一）醒茶

普洱茶醒茶就是将紧压茶撬开成平时冲泡用的小块，然后装入茶缸或者茶罐中，放置 20～50 天，时间长短根据不同茶品而定。一般原则是生茶比熟茶时间要长，老茶比新茶时间要长，蒸散的比撬开的时间要长。醒茶方法前面已有专门介绍，这里不再赘述。

醒茶是普洱茶冲泡前的功课，做没做这道功课效果可不一样。特别是老的生茶，醒没醒茶的感觉可能就像两款不同的茶一样。醒过的茶比没醒过的茶香气纯净，生茶汤质会更稠厚，熟茶会更绵滑。

（二）择具

冲泡和品饮器具会影响普洱茶的香气和口感。盖碗泡茶会将茶叶的优缺点都展现出来，紫砂壶会掩盖一些缺点，如果是陶壶煮出来则另有一番风味。

品茶杯的材质、形状不同也会影响茶叶的香气口感。从材质对香气的影响说，白瓷杯最好，然后是玻璃杯、紫砂杯，从器型对香气的影响来说，口小杯深最能聚香，敞口杯次之，斗笠杯（盏）最差，从材质对口感的影响来说，以紫砂最好，瓷杯、玻璃杯次之，器型以杯壁较厚、感觉厚滑者为佳。

（三）择水

水为茶之母，好茶需好水。自古以来就有品茶先品水之说，所以才有十大名泉、天下第一泉之说。从水源来说，泉水上、井水下，雪水能激发茶的活性，但现在很难找到干净无污染的雪水了。

现在城市的水源选择余地有限，只有自来水、矿泉水和纯净水可供选择。冲泡普洱茶首选纯净水，通过静置处理的自来水也可以，最好不用矿泉水。

（四）投茶量、水温、浸泡时间、注水和出水方式

投茶量：标准审评的投茶量茶水比是 1∶50。但一般用盖碗或者紫砂壶泡茶出汤快，茶水比在 1∶20～30，可根据个人偏好灵活调整。

水温：一般熟茶都用沸水冲泡；生茶根据个人口感喜好，喜欢香高味浓也可以用沸水，喜欢绵柔可以适当降低水温。苦涩味重的茶适当降低水温冲泡，苦涩味马上就降下来了。

浸泡时间：一般前五泡 3～5 秒出汤，6～10 泡 5～10 秒出汤，10 泡以后根据茶汤浓厚度变化每道需要延长 3～5 秒。

水温和浸泡时间的协调掌握，是泡好每一道茶的关键。

注水方式：冲泡普洱茶有高冲快注和低位慢注两种注水方法。高冲快注泡出来的茶汤香高味浓，低位慢注冲泡出来的茶汤更绵更柔，所以喜欢香高味浓的人可以高冲快注，喜欢口感绵柔的人可用低位慢注；绵滑感好、浓度香气欠缺的茶适合高冲快注，香高味烈、茶汤欠柔滑的普洱茶适合低位慢注。

出水方式：相对而言，缓慢的出水方式会令茶汤层次感更加明显；而越快速的普洱茶的出水方式则会令茶汤的融合度更好，香气更高。

（五）温杯和冲泡间隙

冲泡普洱茶前温杯温壶需要灵活掌握。夏天不一定要温杯温壶，冬天温度低，温杯温壶就必须有。另外，有些泡茶者喜欢把干茶放进盖碗或者壶里让客人闻干茶香，这就必须温杯，温和不温香气差别很大。

每一道茶的冲泡间隙必须掌握好，不能让盖碗或者壶凉了再冲下一泡茶，这样泡出来的茶汤肯定会比较寡淡。

（六）特殊茶的处理

遇到有异味、湿仓味、渥堆味的茶品可以采取重洗、水浴、气浴等方法把异味逼散出去。水浴就是温壶后将茶投入壶中，盖上盖后用沸水反复冲淋壶身，使茶叶在壶内受热后将异味激发出来。气浴法就是将茶叶置于壶内，再把烧水壶盖打开，直接将紫砂壶置于烧水壶上，让高温蒸汽加热紫砂壶，把茶叶异味激发出去。重洗就是用高冲快注方式反复冲洗茶叶2～3遍。此外，一些苦涩味重、浑汤的茶叶也可以用重洗方法解决。

掌握普洱茶的冲泡技巧可以使品茶者更容易地享受到普洱茶的美好。但需要提醒的是，冲泡技巧是建立在茶叶品质基础之上的。原料很差的普洱茶，再好的冲泡技巧也泡不出好茶的味道。所以，一方面要关注冲泡技巧，另一方面要关注普洱茶本身质量的高低。

五、判断普洱茶的苦涩味

（一）茶苦涩味的物质基础

茶的苦涩味越重，是不是就说明茶多酚含量越高，喝了越健康呢？

茶的苦味物质主要是茶叶中的生物碱（如咖啡碱、可可碱、茶碱）和色素类；茶的涩味物质主要是茶多酚等类黄酮物质。茶汤的苦味常常与涩味相伴而生。

生物碱和茶多酚主要集中在茶的一、二、三叶中，四、五叶等老叶含量很低。所以，带有苦涩味的普洱茶往往是高嫩度、高级别的茶品，而这些茶往往还具有茶汤浓厚的特点。这也是中低档茶滋味比较淡薄的原因。

这些苦涩味物质确实对健康益处多多。生物碱对中枢神经系统具有兴奋作用，还有利尿作用，能促使胃液的分泌，帮助消化；茶色素具有抗氧化、调节血脂代谢、预防心血管疾病、调节免疫功能等功效；茶多酚则具有抗氧化、预防心血管疾病、调节免疫功能、防癌抗癌、消炎解毒抗过敏、抗辐射等功效。

但需要注意的是，茶多酚和生物碱都对肠胃有刺激作用，肠胃不好的人要注意，不能空腹饮用，也不要过量饮用。另外，由于生物碱具有兴奋作用，神经衰弱、睡眠不好的人也要注意饮用的量和时间，不要影响睡眠。受

（二）原料对苦涩味的影响

同样是苦涩味，为什么有的茶的苦让人觉得很舒服，有的苦得让人难以接受？

一般而言，古树茶苦味比台地茶（茶园茶）重，而涩味则是台地茶比古树茶重，夏茶苦涩味比春秋茶重，茶叶正常的苦涩都能在短时间转化为回甘生津。所以，茶叶正常的苦涩味都是可以接受的。

但如果茶树受茶蚜虫（见图2-9）、小绿叶蝉（见图2-10）、茶饼病、茶网饼病等病虫危害严重，用这些遭受病虫害的茶叶（见图2-11）原料制成的茶，苦涩味往往比正常芽叶重，会出现"恶苦恶涩""苦而不化"等情况，甚至还会出现腥臭味，有的饮后肠胃有不舒适感。如果

图2-9 受茶蚜虫危害的芽叶

喝到这种口感的茶，可以检查一下叶底。受病虫危害的叶片上会有黑褐斑，叶底手感质硬，缺少柔软弹性，色泽发暗不亮，经制茶过程中的揉捻后往往碎片多。

图 2-10　受小绿叶蝉危害的芽叶　　图 2-11　受病虫害影响的芽叶

（三）好茶的苦涩味

都说"不苦不涩不成茶"，但苦涩味总归是让人不悦的。什么程度的苦涩味才是合适的呢？

普洱茶的魅力就在于它的浓厚、回味和协调感，尤其是对于普洱生茶的新茶，排除掉病虫害的影响，苦涩味应该和浓厚度成正比。如果茶汤淡薄、苦涩味重，这就是茶叶内含物比例失调造成的，肯定算不上好茶。凡茶汤浓厚度好、苦涩味适中、适口感好、回味快而久的普洱茶，基本就能判断是一款好茶。

没有苦涩味或者苦涩味极低的，要么是单芽，要么是冰岛、昔归等名山古树。另外，陈年老茶经长期存放后，苦涩味物质大量降解、转化为大分子络合物，使滋味变得醇厚滑顺甘甜，苦涩味也会变得极低。

（四）回甘的机理

好的茶苦尽甘来，回甘是不是苦涩味转化来的呢？

回甘是人们饮茶常有的自然感官反应，是一种入口时感觉苦涩，随着时间的推移，甜味逐渐超过苦涩味，最终以甜味结束的一种味道。

好的茶常常带有"回甘"，而回甘的强度与持久性也被认为是评判是否为好茶的指标之一。然而，并不是茶汤苦味强度越大，回甘滋味强度就越高。有些茶在人感受到苦味后却等不来回甘，有些茶入口时只是略感苦涩，但其回甘却明显而持久。

对于"回甘"的机理，学术界也正在进行系统性深入的研究，目前尚无绝对定论。以下是部分研究成果。

1. 茶多酚的作用

茶多酚与蛋白质结合，在口腔内形成一层不透水的膜，口腔局部肌肉收缩引起口腔的涩感，稍后膜破裂后口腔局部肌肉开始恢复，涩味收敛性转化，就呈现回甘生津的感觉。

2. 多糖类的作用

茶所含的多糖类本身并没有甜味，但具有一定的黏度，所以在口腔中会有所滞留。而唾液里面含有唾液淀粉酶，可以催化淀粉水分解为麦芽糖，而麦芽糖具有甜味。酶类分解多糖需要一定的时间，这种反应时间差造成了一种"回甘"的感觉。

3. 茶多酚和糖类相互作用的结果

研究表明，在一定浓度范围内，茶多酚和糖类都有助于提高茶汤的回甘滋味强度。

4. 有机酸的作用

茶叶中有机酸的含量为干物质总量的3%左右，它能刺激唾液腺进行分泌以产生"生津回甘"的感觉。

5. "回甘"是口腔的一种错觉，即"对比效应"

甜味和苦味是一种相对的概念，当品尝蔗糖等甜味剂后，人会发现水是有些苦的；而当品尝了咖啡因等苦味物质后人就会觉得水是甜的。

不管原因如何，喝完一泡好的普洱茶后，口腔内风生水起，喉咙深处都是甜顺，持久的甘甜生津，这才是品茶人所追求的。

第三节　普洱茶的选购要点

经常会有人问，普洱茶水太深，不知道怎样选购普洱茶。然后往往会有人拿"茶无好坏，适者为上""多喝多比较"等套话来回答，这些套话，也对，也不对。

就拿"茶无好坏，适者为上"来说，把两句话分开看，"茶无好坏"是错的，茶肯定有好坏之分，国家标准把普洱茶分了十多级；"适者为上"是对的，一是要茶性适合个人体质，二是要茶的口感适合自身口味，三是要茶的价格在承受范围之内。

至于"多喝多比较"，肯定是对的，普洱茶的品鉴确实离不开实际经验的积累。不过，没有正确理论的指导，很容易受误导，尤其是感觉这种东西，旁人的影响非常大，那么，掉坑、交学费就是免不了的事。

普洱茶的现行国家标准 GB/T 22111—2008 就有对普洱茶感官品质要求和审评方法的规定。本书将其与现在市场的情况相结合，粗略总结出几个选购普洱茶的步骤。

一、检查包装标志

包装上应清晰可见地标明：产品的属性［如普洱茶（熟茶）、普洱茶（生茶）］、净含量、制造者名称和地址、生产日期、保存期、储存条件、质量等级、产品标准号、生产许可证等。产品包装、标识符合国家标准，至少说明这茶是正规厂家生产的。如果标识不全，特别是厂址、厂名、联系方式、生产许可证都没有的三无产品，作为一般消费者特别是初学者应该尽量回避。图2-12为普洱小金砖和小银砖。

图 2-12 普洱小金砖和小银砖

二、闻干香

打开包装后，闻一闻干茶的香气，检查是否有异味。不管是生茶还是熟茶，香气要是自然的清香、花香、陈香、熟香；不能有非茶类的异味，如霉味、馊酸味、泥腥味、土腥味、烟味、铁锈味等。

三、检查外形

如果是紧压茶，应形状端正匀称、松紧适度、不起层脱面；洒面茶应包心不外露；如果是散茶，取试样 150～200 g，置于茶盘中充分混匀后铺平，再观察其外形。

茶的外形主要看条索、色泽、整碎和净度四个方面，其中，条索和色泽是侧重点。

条索：看条索的松紧程度，以卷紧、重实、肥壮者为好，粗松、轻飘者为差。

色泽：看色度的深浅、润枯、明暗、鲜陈、匀杂，并观察含毫量的多少，含毫量多的嫩度好。

整碎：看匀齐度、条形是否整齐一致，是否有长短碎末混杂。匀整者为上，混杂者为下。

净度：看含梗、片、末的多少，梗的老嫩程度；是否有茶类夹杂物和非茶类夹杂物等。

四、内质品评

干看外形，湿看内质。看完外形，就开始开汤泡茶，依次评价茶的汤色、香气、滋味和叶底，也就是常说的茶的色香味形。其中，以香气、滋味为主，以汤色、叶底为辅。

（一）汤色

以清净明亮为上，暗淡、浑浊、沉淀者为下。好的生茶茶汤颜色黄绿透亮，存放时间越长，汤色还会逐渐变成栗黄、栗红甚至深红；好的熟茶茶汤颜色红浓明亮，呈酒红或宝石红。

（二）香气

比香气的纯度、持久性及高低。在感觉普洱茶香气时要把握好热闻、温闻和冷闻三个阶段。热闻辨异味，温闻辨高低，冷闻看香气持续时间的长短。香气雅、高、持久者为上，香气浊、低、持续时间短者为下。

普洱生茶以清香、花香、蜜香为上，有水闷味、烟焦味、土腥味、铁锈味为下；普洱熟茶以自然纯正、舒适愉快的熟香、普香、陈香、甜香为上，不能有不愉快的渥堆味、馊酸味、霉味、碱味。

（三）滋味

比滋味的浓度、顺滑度以及回甘的快慢和持久度。以入口顺滑、浓厚、回甘、生津的为好；醇和回甘为正常；带酸味、苦味重、涩味重为差；异味、怪味为劣质茶。

这里着重讲一下品普洱茶时常提到的回甘和喉韵。茶入口都有苦涩味，但好茶回甘生津快、强烈而且持久。好的普洱茶特别是老茶，喝完后会感觉喉咙里很舒服，很甜很顺，这种感觉就叫作喉韵。喉韵的位置越深越好。有些普洱茶喝完后嗓子发干发紧（锁喉），这些茶不是工艺有问题就是仓储有问题，最好别喝。

（四）叶底

看普洱茶叶底是为了进一步验证前期色香味的判断。从叶底可以看出茶叶用料和加工工艺水平。

第一，看叶底色泽是否一致、匀整、明亮。叶底色泽不匀、花杂，可能是原料级别不一，老嫩混杂；叶底不亮发暗，可能是工艺和储存有问题。

第二，看叶片整碎。芽叶完整者比整碎不一者好。

第三，看叶片质地。用手捏捏叶底，以肥厚、柔软、有弹性者好，用手指触摸如泥状者为差。

第四，要闻闻叶底香气。好的普洱茶泡完以后还会有很愉快的甜香。

还有一招更简单的方法：两款茶对比着喝，高下立见。但这样比较一定要遵循"同等质量比价格，同等价格比质量"的原则。

第四节　普洱茶的收藏

一、普洱茶的保值增值

普洱茶越来越广为人们所喜爱，不只是因为其独特的口感、神奇的保健功效，还因为普洱茶具有潜在的收藏价值和增值空间。

普洱茶的保值和增值有两个方面的原因：一是对人体的作用，二是市场价格。

第一，普洱茶具有后发酵性。由于普洱茶里的活性酶，导致发酵普洱茶后，形成了化学反应。例如：①无色的儿茶素聚合成茶黄素和茶红素；②淀粉、纤维素、木素水解成糖类、酯类和醇类；③蛋白质水解成氨基酸。

这样一来，随着时间的推移，普洱茶在发酵过程中，所转换的为人体直接吸收的物质就会增加。

第二，由于普洱茶发酵后，人体可以获得的有益物质是逐年增加的，这就导致普洱茶的市场价格会随之增加。也就是普洱茶具有了收藏性，价格自然就会上涨。

二、普洱茶的仓储条件

喝普洱茶的人都知道，普洱茶越陈越香，越放越好。但这是有条件的，首先是要有好茶，其次是要有好的仓储，二者缺一不可。

一款好的普洱新茶，需要好的原料和好的工艺技术；一款好的陈年老茶，好的仓储环境至关重要，所以有老茶主要看仓储一说。一款好茶，如果储存不好，出现霉变，受到污染，吸收了异味，那就别说越陈越香了，茶本身也就失去饮用价值了。同一款茶，要是在不同地方、不同仓储环境下存放多年以后，可能就是两款不同的茶了。所以，不同仓储条件储存的普洱茶的品质特点及其转化规律是千差万别的。

（一）普洱茶仓储的分类

普洱茶仓储种类繁多，可以说是一地一仓，仓仓不同。但根据仓储性质一般可分为专业仓和自然仓两大类。

1. 专业仓

专业仓也就是根据存茶目的人为营造一个特定的温湿度环境，使普洱茶达到预定的转化目标，一般分为湿仓和技术仓两种。

（1）湿仓。湿仓，也叫作入仓或者做仓，就是人为制造出高温、高湿度的环境，快速将新茶做老的一种方法。这近似于但又不同于云南普洱茶厂家的渥堆发酵。渥堆是将生茶变成熟茶，湿仓是将新茶快速地变成假的老生茶。湿仓茶风险很大，十有八九都会有不同程度的霉变。湿仓茶主要在20世纪末和21世纪初的中国香港和马来西亚等地区流行。由于近年来消费者品鉴水平提高和对湿仓茶的反感，湿仓茶现在已经明显减少，但老茶中还能经常见到湿仓茶的身影。

（2）技术仓。技术仓是近十年才兴起来的一种普洱茶仓储方式，在南方湿度大的地区广为流行，云南产区近几年也有发展。技术仓是利用科技手段调节茶仓温湿度，在梅雨季节适当除湿，在冬季低温时适当增温，营造出一个适合普洱茶转化的环境。技术仓因为各仓技术水平不同和对普洱茶转化的理解不一样，因此储藏出来的茶的品质也各有千秋。有些技术仓因为急功近利，所以出来的茶一样有仓味。

2．自然仓

自然仓就是在自然环境下存放的普洱茶。由于东西南北各地的自然环境差异很大，所以不同自然仓储藏出来的普洱茶也是千差万别。

自然仓以长江为界分为南方仓和北方仓。长江以南为南方仓，越往南越湿，以中国香港、马来西亚最湿；长江以北为北方仓，越往北越干，以东北、内蒙古为最干。

但在最南和最北之间，夹着各种各样的仓储，如华北仓、西北仓、江南仓、华南仓等。这还只是按大范围的分类，就以陕西为例，陕北、关中和陕南的差异就很大。

（二）不同仓储普洱茶的品质特点

普洱茶千仓千味，此处就典型的普洱茶仓储说说其品质特点。

1．湿仓茶的品质特点

这里所说的湿仓茶是指做仓茶或者入仓茶。湿仓茶外形条索松散，色泽灰暗，有霉味；刚出仓茶的汤色浑红，随着时间延长汤色会慢慢变得红亮；茶汤入口较利，水路滑顺，但会锁喉，就是嗓子发干发紧的感觉；叶底失去弹性，手捏成泥状。湿仓茶是一种不科学的普洱茶催老方法，大部分湿仓茶已经发生霉变，最好不要饮用。

2．南方仓茶的品质特点

广义的南方仓种类很多，长江流域的贵州、湖南、江西、浙江等地的仓储和北方仓的中原地区、江淮地区比较接近；而两广、福建等沿海地区湿度大；中国香港、马来西亚等地区海洋性气候地区湿度最大。

没有采取防潮措施且在沿海地区长期存放的普洱茶，在梅雨季节都会发生霉变，这些茶和湿仓茶已没有多少区别。而这里所说的南方仓是指在标准仓储状态下的大规模存茶和梅雨季节有保护防潮措施的小批量存茶。

南方仓普洱茶茶汤颜色转化快，老茶汤色红亮，口感苦涩味退得快，汤厚质柔，水路滑顺，叶底红褐；缺点是香气低沉，有仓味（闷味或水闷味、泥腥味、土腥味、霉味）。

3．技术仓茶的品质特点

普洱茶技术仓都有标准化库房和现代化温湿度调控设备，硬件设备都没有问题，问题是对普洱茶转化规律和普洱茶转化最佳温湿度环境的认识还没有定论。加上一些技术仓追求经济效益和转化速度，所以对一些技术仓储出来的普洱茶，虽然南方人称之为干仓茶，但北方人还是能喝出仓味来。

4．北方仓茶的品质特点

北方仓是一个大范围，与南方仓一样，越往北越干，越往南越湿。江南地区和南方仓北边比较接近。北方仓普洱茶的特点是香气清新、清香，有花香、蜜香、果香，自然高雅，茶汤浓厚度好，回甘生津快，叶底柔软有弹性；缺点是茶汤色泽转化慢，苦涩味退得慢，口感不如南方仓滑顺，喝惯南方仓的人喝起来会感觉"干涩"。

（三）不同仓储条件下普洱茶转化规律

就自然仓而言，由北往南，温湿度越来越高，普洱茶转化速度越来越快，尤其是汤色，但仓味也越来越重；由南往北，温湿度越来越低，转化速度越来越慢，尤其是汤色，但香气口感越来越纯净。

1．南方仓茶的转化规律

南方仓存放的普洱茶香气由原来的自然的清香、花香、蜜香慢慢减弱，仓味慢慢出现；随着储存时间延长，相应地出现陈香、木香；长时间的南方仓茶最后会出现参香、药香。南方仓普洱茶汤色由黄绿色到橙黄、栗黄、橙红、栗红，再到深红（酒红）。滋味方面，苦涩味越来越轻，收敛性由强转弱；南方仓味重的中期茶可能会出现叮嘴、锁喉等现象；茶汤由浓强、厚实、绵柔、滑顺向油滑转化。

2．北方仓茶的转化规律

北方仓普洱茶随着仓储时间延长香气由高转纯，由杂转雅；通常由新茶的青气、土腥气转化成清香、花香、花蜜香。随着储存时间延长，香味会慢慢入汤，汤色转化由黄绿、栗黄、橙红、红亮到红艳，但茶汤颜色的转化速度可能只有南方仓的1/3～1/5。滋味由苦涩转甘甜，由刺激转化为醇厚；随着储存时间延长，水路越来越顺滑，喉韵越来越深沉。

（四）对普洱茶不同仓储争议的看法

1．本地人一般认可本地仓储

普洱茶仓储问题是一个很有争议的话题，主要是由于对南方仓和湿仓茶的认知理解不同造成的。南方一些消费者认为很干净的普洱茶，在部分北方消费者看来还是湿仓茶，甚至一些技术仓在北方消费者眼里还是有仓味。

这首先是由于对普洱茶的适应性习惯性的原因。一般消费者都认可本地仓储，因为一直喝到的就是这种味道。其次是对普洱茶的偏爱不同。北方消费者主要追求的是普洱茶的香气、回味和喉韵，南方消费者更看重茶汤的柔、绵、滑和水路。

2．普洱茶转化的最佳温湿度没有定论

普洱茶究竟在什么样的温湿度环境存放转化最好？这个问题还没有科学的、系统的、权威的研究结论，现在有的都是经验性、推断性的一个数值范围。温度多高最好？湿度多大最好？温度湿度是恒定的好还是变化的好？这需要长时间研究才能得出结论。

3．退仓问题

普洱湿仓茶的入仓和退仓是茶友熟悉的话题。入仓，先前说过了，就是湿仓或做仓。退仓有两种情况，可能是南方仓到北方仓进行退仓，也可能是湿仓茶进行技术退仓。

在南方保存比较好的自然仓，且存放时间不长，仓味较轻，在北方干仓环境条件下经过一段时间存放，仓味是可以退去的。不过这个时间的长短要视仓味轻重而定，如果仓味重，则需要很长时间。

真正的湿仓茶和沿海未加保护长时间存放的霉变过的茶，是没办法退仓的。霉变过的茶用什么办法也变不回来了，就像是米饭变成了酒，不可能再把酒变回米饭一样。现在一些所谓的技术退仓办法也只能退去部分霉味，其内在的质变是没有办法改变的。

4．南方仓老茶

现在喝到的老茶（印级茶、号级茶）基本上都是南方仓。

三、影响普洱茶转化的因素

时间能改变一切,这句话用到普洱茶上是再恰当不过了。有人说普洱茶是有生命的茶,一点儿不错,因为普洱茶从生产到消费的整个过程都一直处于变化之中。普洱茶的千变万化和越陈越香、越放越好的特点,正是其吸引广大普洱茶爱好者的重要原因。

(一)普洱茶能越陈越香

六大茶类中大部分茶要喝新茶,储存期过一年就不好喝了,普洱茶则越陈越香,原因在哪里呢?

1. 大叶种原料是物质基础

云南大叶种茶叶内含物丰富,水浸出物含量高,尤其是多酚类物质要高出小叶种 1/3。云南大叶种水浸出物含量在 42%~48%,一般小叶种水浸出物含量低于 40%。特别是作为茶叶精华和灵魂物质的茶多酚,大叶种含量更是远远高于中小叶种。正是云南大叶种丰富的内含物,为普洱茶越陈越香提供了物质基础。

2. 晒青工艺是必备条件

普洱茶的加工从晒青、揉捻到干燥的每一道工序,都是为了普洱茶的后续变化做准备的。普洱茶的杀青,不是绿茶、青茶、黄茶那样的高温杀青,而是低温杀青。低温杀青使普洱茶保留了较多的有益菌的孢子,从而为普洱茶后期转化留下了有益菌种。

普洱茶独特的晒青工艺,和其他所有茶叶高温快速烘干炒干不同,是利用阳光慢慢晒干。我们到现在还不太明白阳光对茶叶内含物本身的影响到底是怎样的,但阳光晒干避免了高温烘干炒干对菌类和酶类的伤害是显而易见的。普洱茶必须是晒青工艺,不是晒青工艺就做不出普洱茶。

3. 有益菌是核心内容

如果说普洱茶是有生命的茶,那普洱茶的生命就是体现在有益菌的活动上。如果没有有益菌的活动,普洱茶就和其他茶一样失去了生命,就不会有越陈越香、越放越好这一说法了,所以说有益菌是普洱茶越陈越香的核心内容。

以前人们将地球上的生物分为动物界和植物界,现在有科学家建议要增加一个菌物界。事实上地球上微生物的种类要比动物或者植物更多,而且动植物的生存也离不开它们。

微生物的神奇在日常生活中随处可见：在粮食中加入一种酵母菌就可以酿酒，而加入另一种酵母菌则可以做成面包或者馒头；微生物是人类致病的主要原因，也是人类用来治病的主要手段。

目前从普洱茶分离出来的有益菌有黑曲霉属、根霉属、灰绿曲霉属、酵母属、青霉属、链霉菌属和乳酸杆菌等。

（二）普洱茶越陈越香的机理

普洱茶在存放过程中的质量转化，虽然是多方面因素综合作用的结果，其中有自然的氧化，有湿热作用，但最主要、最关键、最核心的还是微生物的作用。

国家在制定普洱茶标准时，就充分考虑了普洱茶后续转化的相关因素。比如茶叶的含水量，国家标准规定的绿茶、红茶、青茶、黄茶含水量都不能高于7%，但普洱茶可以达到12%。较高的含水量就是为微生物的活动提供合适的环境条件。

从事普洱茶微生物研究的科技工作者已经从普洱茶中分离出众多优势菌类，这些菌类及其在普洱茶存放转化过程中起的作用如下。

1. 黑曲霉属

黑曲霉富含柠檬酸、单宁酸、葡萄糖酸、草酸、抗坏血酸，其产生的果胶酶可以将普洱茶中的不溶性果胶分解成可溶性果胶，从而增加茶汤的黏稠度和适口感；其产生的葡萄糖淀粉酶和纤维素酶可以将普洱茶中不溶于水的淀粉和纤维素分解成可溶于水的葡萄糖和果糖，增加茶汤的甜度；其产生的酸性蛋白酶能将不溶于水的蛋白质分解成氨基酸，增加茶汤的鲜爽感；其产生的单宁酸能水解单宁，产生没食子酸，使普洱茶汤变成深红色。

2. 根霉属

根霉属真菌有独特的凝乳酶，能凝聚生成芳香的酯类物质。根霉发酵时产生的乳酸，能使普洱茶汤产生黏滑、醇厚的口感。

3. 青霉属

青霉属类产生的高纤维素酶也能分解普洱茶中的纤维素，增加单糖、双糖含量，使茶汤更甘甜；青霉属菌的次代谢产物有丰富的葡萄糖苷酶和壳聚糖酶等生物活性酶，具有抗菌、调节机体免疫力、抗肿瘤的功效；其产生的青霉素有抑制其他杂菌的作用。

4. 酵母菌

酵母菌富含蛋白质、氨基酸、多种B族维生素和生物活性酶。普洱茶转化中最具特色的茶多酚氧化聚合、蛋白质降解、碳水化合物分解及各产物之间的聚合反应，可使茶汤色泽由浅变深、滋味由薄变厚，这都和酵母菌的活动有关。

此外，普洱茶中的灰绿曲霉、乳酸杆菌、链霉菌、灰色细球菌等，也对普洱茶后期转化发挥着作用。

四、普洱茶储存过程的转化规律

说普洱茶越陈越香，虽然突出的只是香，但实际上老的普洱茶不仅只是香气的变化，其综合品质都有提升，特别是茶汤的甘甜、厚度、水路的滑度、喉韵和体感都和新茶有质的区别。

（一）香气的转化

新的普洱生茶香气比较杂，最突出的可能是青气和土腥气，这是新茶不可避免的。但随着存放时间的延长，青气和非主体的香会慢慢退去，而主体的、典型的香会慢慢显露出来，而且香会慢慢入汤，陈香慢慢显现，感觉纯正而高雅。

新的普洱熟茶都会有一种不愉快的渥堆味，像泥腥味、土腥味、碱味等。通过存放，这种渥堆味会慢慢退去直至消失，熟茶正常的熟香或者普香出现。时间一长，主体的熟茶香如樟香、荷香、枣香、陈香等愉快高雅的香气就会呈现出来。

（二）汤色的转化

新的普洱生茶汤色黄绿，随着存放时间的延长，汤色由浅变深，由黄绿、浅黄、栗黄、栗红到深红。

新的普洱熟茶汤色虽红但都会有浑汤现象，随着存放时间延长，茶汤由浑转明，由明转亮，直至油亮。

（三）口感的转化

新的普洱生茶最突出的感觉可能就是苦涩味重，茶汤硬，收敛刺激性强。但随着存放时间的延长，多酚类物质氧化聚合，茶汤苦涩味逐步变轻，甘甜出现，茶汤柔绵厚稠的质感慢慢体现，水路慢慢变得滑顺，喉韵从无到有且越来越深。

太新的普洱熟茶不适合饮用，味杂不说，更主要的是喝得喉咙不舒服，嗓子会有发干发紧的感觉，部分人群喝了新的熟茶还会上火。随着存放时间延长，杂味慢慢退去，茶汤由绵到滑，由滑到化，老的熟茶茶汤入口即化，非常难得。

（四）体感（茶气）的转化

喝普洱新茶的感觉主要是在口腔里，能喝出来体感的新茶是非常少的。但老茶就不一样了，因为老茶在存放过程中，一些不溶于水的大分子化合物如纤维素、淀粉、蛋白质、不溶性果胶经过微生物和酶类的分解，变成可溶于水的单糖、双糖、氨基酸、可溶性果胶，所以，喝老茶能喝到更多的营养物质。这些营养物质才是产生体感的物质基础，所以喝老茶的体感会来得快而强烈。

五、普洱茶原料和工艺技术对后期转化的影响

说普洱茶是能喝的"古董"，越陈越香，这是大家公认的。喝老茶，存新茶也是业内的共识。但什么样的普洱茶才值得收藏，值得期待，才能越放越好呢？为什么有些普洱茶转化快，有些转化慢，有些越放越差呢？

（一）原料与工艺对普洱茶陈香性的影响

普洱茶的转化是一个很复杂的生物、化学过程和湿热的综合氧化、分解、络合过程。转化过程是茶叶和茶汤的颜色由浅到深、香气由杂到纯、茶汤越来越亮、滋味越来越纯、苦涩味由重到轻、喉韵由浅到深的过程。

其实，只要是真正的普洱茶，而且存放得当，就会越陈越香，只不过原料级别高低不同转化快慢也不一样。

那么，首先要搞清楚，什么才是真正的普洱茶。真正的普洱茶，一是其原料来源必须是云南大叶种。如果不是云南大叶种而是其他地区的中小叶种加工出来的茶，就没有存放价值，茶叶就会越放越差。二是其加工工艺必须是晒青工艺。如果用云南大叶种原料采用的是炒青、烘青等其他工艺加工的，也不是真正的普洱茶，只是云南绿茶。有些厂家，为了提高茶叶的香味，使用了炒青工艺；还有的厂家为了提高产量，用的烘青工艺，把茶叶放到烘干机里高温烘干。这样制作出来的茶都不会越陈越香。

总而言之，只要是用云南大叶种原料按晒青工艺加工出来的茶叶，就是真正的普洱茶，都会越放越好。

（二）普洱茶原料对后期转化的影响

同样是云南大叶种，也是用晒青工艺加工的，但用不同的原料制成，其后期的转化速度也是不一样的。

1. 不同栽培方式的影响

普洱茶树根据栽培方式不同可分为野生茶、古树茶和茶园茶。由于不同栽培方式的茶叶内含物含量和内含物构成的比例不一样，所以后期转化会表现出差异。野生茶转化最快，古树茶次之，茶园茶（台地茶）最慢。

2. 不同季节的影响

不同季节的茶叶原料老嫩度和内含物都有差异。一般春茶内含物丰富，内含物比例协调，转化快；夏茶内含物协调性差，苦涩味重，转化慢。

3. 不同原料级别的影响

内含物含量的高低是普洱茶转化的物质基础。高级别的普洱茶内含物丰富，转化快；低级别普洱茶内含物少，转化慢。这就是好茶放五六年就好喝了，而低档茶可能要放十几年才好喝的原因。

常有人问："是不是喝起来苦涩味重的新茶后期转化会更惊艳？"也不能这样简单判断。因为苦涩味重并不代表这款茶内含物丰富，更有可能是内含物比例不协调。普洱茶讲究的是口感协调，苦涩太重、口感不协调就说明内含物比例失调，后期转化慢。如果茶汤浓厚度好，虽然有适当的苦涩味，但是化得快，也许后期转化会有惊艳的表现。

（三）普洱茶的加工工艺对后期转化的影响

普洱茶生茶工艺分为两部分：初制加工工艺和成品茶加工工艺。其中，初制分为杀青、摊晾、揉捻、解块和晒干5道工序；成品工艺分为拣剔、拼配、称重、蒸压、干燥和包装6道工序。熟茶在初制和成品加工之间还会有渥堆发酵和精制工序。

影响后期转化的主要加工工序：杀青、干燥、蒸压和熟茶的渥堆发酵。

1. 杀青

普洱茶杀青过度，茶叶会出现焦尖、焦边，茶汤会出现小黑点，口感会有烟焦味，这种烟焦味需要很长时间才能散去，影响茶叶转化。杀青偏轻会有红梗红叶，会出现红茶的香气口感，同样影响后期转化。

2. 干燥

普洱茶干燥必须是阳光晒干，如果烘干就是绿茶了，用烘干的绿茶压成的"普洱茶"只会越放越差。不过还有一种情况，就是遇到阴雨天，茶叶不能完全晒干，茶农会继续用柴火烘干，这种半烘晒的普洱茶会有烟味，转化也会比正常晒干得慢。

3. 蒸压

普洱茶压制的松紧度也会影响后期的转化。压得松有利于前期转化，压得紧有利于长期转化，所以压制松紧度合适比较好。但需要长期存放、传世传代的东西，一定要压紧实。

4. 渥堆发酵

渥堆发酵是普洱熟茶的关键工艺，渥堆工艺的成败不仅影响熟茶的品质，也影响后期转化。如果发酵过轻，茶叶的苦涩味物质在后期转化慢，十年都很难退净。轻发酵普洱茶喝起来有苦涩味，叶底泛绿或者呈暗绿色。如果发酵过度，茶叶内含物损失太多，存放久了也不会有什么好的变化。重发酵普洱茶茶汤平淡，口感迟钝、淡薄，汤色发暗，叶底呈暗褐色或者黑褐色。适度发酵的普洱茶香气纯正，汤色浓艳，口感厚实，饱满，水路滑顺，回味甘甜，叶底柔软，明亮有活性，呈红褐色或褐色。这样的熟茶才具有存放和转化价值（见图2-13、图2-14）。

图2-13 勐库戎氏本味大成　　图2-14 觅香普洱熟茶

六、家庭存放普洱茶

普洱茶越陈越香，所以喝普洱茶的朋友都会有存新茶、喝老茶的习惯，家里或多或少都会存些茶。但存茶也会有风险：存得好会越陈越香，存得不当则可能会失去饮用价值。那么怎么样才能存好普洱茶呢？在家里存茶需要注意些什么呢？

（一）家庭存茶的方法

家庭存茶，一是要注意选择一个合适的存茶地点，二是要选择好存茶容器。

1. 存茶地点的选择

家庭存茶不是专业存茶或商业存茶，没有专门的库房和专人管理，所以要选择好合适的存茶位置。

家庭存茶地点的选择原则：一是要干燥、干净，远离厨房和卫生间等有水源、有污染的地方；二是没有异味的地方或者离异味源较远；三是太阳晒不到、风吹不到、雨淋不到的地方。

如果存茶较多，家里条件也允许的话，最好有一间专门的茶室，用来喝茶和存茶用。如果没有专门的房子存茶，那家里供选择的地方还有书房、卧室。万一没有别的地方可以选择了，客厅和封闭式阳台也可以，但一定不能放厨房、车库和地下室。

2. 存茶容器的选择

家庭存茶最好是整件存，其次是整提存，散提最好拼成件；包装容器以原装为最好。

散茶、散片可以选择紫砂缸、瓷缸、陶缸、瓦缸、纸箱、木箱等作为容器，但要注意所有的缸要清洗干净；纸箱、木箱要用装过茶的原箱或者没有异味的新箱，不能用装过其他食品的旧箱，更不能用装过非食品的纸箱，也不能把普洱茶放入衣柜或者冰柜。

（二）家庭存茶注意事项

家庭存茶，要特别注意防潮、防异味和避光。另外，存茶区域要清洁，尽量集中存放，同时生熟要分开存放，适度通风透气。

1. 防潮

防潮是普洱茶存放的重中之重，特别是南方，必须高度重视，一旦受潮霉变，就前功尽弃。

整件存放要在地面架设架空层，一楼在离地面 20 cm 用木板架设架空层，楼上居住者也最好架设 10 cm 的架空层。

如果用缸存放的，则缸上面要用棉纸、棕垫或者布垫盖好。在梅雨季节要封闭门窗，有条件的也可以在房间放一箱生石灰吸潮，或者用除湿机除湿。少量的普洱茶可以在梅雨季节到来时装入大的塑料袋内，待梅雨季节过后再取出来。

2. 防异味

茶叶容易吸收异味，而且异味吸进去以后就没有办法再出来，所以所有有异味的东西都不能和普洱茶放在一起。家里的烟酒、香皂、驱蚊用品、护肤化妆用品等，都要远离普洱茶。家里有点香习惯的，点香的房间不能放茶。在客厅放有普洱茶，如果有客人吸烟，要及时开窗通风透气。

3. 避光

光线照射对普洱茶损伤很大，如果单饼茶在茶架上摆上三五年，这茶基本上就报废了。

光线破坏的是普洱茶内部的分子结构，所以是不可逆转的。受光线伤害的普洱茶香气口感都会有一种风化味（这是一种很不舒服的杂味，类似灰尘、烟尘一类的杂味）。

因为普洱茶需要长期存放，更需要高度重视。整件、整提一般都有内外包装，不会见光，但如果把茶存放在阳台上，还得在箱子上面加上覆盖物；散茶和散片必须入箱入缸，上面加上覆盖物。

4. 集中存放

普洱茶一定要集中存放，不要散放。集中存放的普洱茶能聚香聚气，更有利于保持茶叶的本真。而且，码成堆的比单件存放好，整件比单提存放好，整提比散片存放好。

5. 生熟分开

生熟分开是相对的，并不是说生茶熟茶不能放在同一个库房，主要是散提、散片和散茶别装在同一个箱子或者同一个缸里，以免生熟串味。

最后补充说明一下"通风透气"。经常有人说，普洱茶存放要注意"通风透气"，其实普洱茶存放是否需要通风透气要看情况来定，是有条件的。专业的库房是不需要通风透气的，家庭存茶的房间有异味进去了，那就得及时打开门窗透气。另外，南方梅雨季节过后，或者连续的阴雨后天气放晴，相对湿度降低了，这时要及时打开门窗通风透气。

第三章 冲泡之雅——茶艺与茶道的精髓

茶艺审美具有其独特的魅力。通过审美活动能够促进人们完善自身的人格修养，丰富自己的人生感悟，提升自己的人生境界，培养自己对于品茶中事物美感的欣赏能力和兴趣，从而努力追求一种更有意义、更有情趣、更高尚的人生，在欣赏美、收获美的同时也获得一种人生的智慧。

第一节 茶艺审美的原理

一、茶艺的艺术

（一）茶艺艺术与审美

茶艺艺术与审美是一个新的研究领域，茶艺的特征是仪式化的规范升华为人们内心的自觉需求。茶艺之美是西方美学与中国传统文化美学相结合的产物，它给人们呈现出的是以茶汤和冲泡技艺为审美对象的意境美，并涵盖仪式感、朴实、典雅、清趣及人情化等审美的范围。中国美学观长久以来一直认为要从个体与社会、人与环境的相互和谐统一中去发现美、寻找美，并认为审美和艺术的最大价值就在于，它们能从思想、精神上促进这种和谐统一的完美的实现，从而把具有深刻哲理性的道德精神之美提升到首要位置，并不断地通过形象丰富的直观方式和情感语言来进行表达。

中国美学思想中，主体与客体之间是相互沟通、互相依托的，充盈、丰沛的生命感贯穿其中。而"立象尽意"和"气象万千"的命题是中国美学长久以来崇尚、倡导的最高审美境界。以客观物象作为审美对象时，很少把景物作为纯客观的对象来看待，而是将其看作是被赋予了生命力的对象化存在。因此，"立象尽意"和"气象万千"的审美观，给客观物象赋予了生命，生命的自由气息在客观物象中徜徉，形成了审美对象既在客观意境中，又存在于万千世界中的美学意境。

美是自由存在的。哲学意义上的美具有三层意思。

其一，美具有客观性。西方美学理论中所探讨的美的客观属性、客观精神及非概念普遍性，包括中国传统美学的论调，几乎都强调美是事物本身的属性，有其不以人的意志为转移的规律性，它是客观存在于社会与自然之中的。

其二，美是具有生命力的，它是人类和自然界美好意志的自由表达。美对于人类来说是审美意识，对于自然界来说是认识范畴。我们用真、善、美来认识并建构一个科学的客观世界，建构一个道德规范的人类社会。西方哲学家如黑格尔、席勒、康德等巨匠的美学理论，以及中国的"天人合一""神思妙悟"等美学观念，都努力用审美的思想来塑造真与善的精神家园，用美的指导思想来赋予和完善人们认知领域的活泼生命。由此可见，美是在自然界和人类追求的社会中无拘无束地存在的。

其三，美是人类追求自由的必然途径。在无功利境界中，美给人以安慰、欢乐，更给人以生命的信心。审美与人生追求的终极目的是相同的，审美是人性回归、追求自由的必然通道。

"天人合一"是中国古代哲学思想中的核心命题，是中国古代哲学家们孜孜以求想要达到的最高理想境界。在这种哲学思想影响下，中国美学理论产生出的突出代表是魏晋南北朝时期追寻的人与自然合一、宋代的自然内化于人之后驰骋自由世界的审美趣味，两者为"天人合一"美学思想的典范，并由此奠定茶艺美学文化的根基。

（二）茶艺表演的艺术性

茶艺发展到今天，已经不再是简单的泡茶动作的展示，而是进步到了表演型的茶艺，其涵盖舞蹈、戏剧、音乐、绘画等多种艺术形式而逐渐形成的综合型表演艺术。虽然茶艺表演以泡茶技艺为中心，却是具备众多的艺术形式，并且具有较强的表演性和观赏性的节目。作为艺术门类中的特殊成员，茶艺具有与众不同的特点。它是以泡茶技艺为中心来展示生活行为的，这是其他艺术形式所没有的。

文学艺术作品是审美欣赏的对象，是为了满足人们的审美要求而创造出来的文化产品，不是为了满足人们的实用要求而创造出来的物质产品。茶艺却不同，人们在欣赏茶艺师冲泡技艺的同时还可品尝到芳香可口的茶汤，在满足审美需求的同时，也享受了作为物质产品的茶汤。但茶艺作为艺术形式的一种，与其他艺术形式也是有共同之处的，如茶艺与戏曲的审美特征就是有相通之处的。

首先，戏曲艺术表演由于戏剧舞台的限制，不可能将所有一切要表现的生活现象都搬到舞台上，只能通过换场景、艺术写意等办法来突出要表达的内容，同时省略掉一些不太重要的内容，而这需要观众通过自己的想象去完善和丰富。茶艺表演由于是以茶席为中心展现故事情节，并以冲泡动作为表演的主体，不能说话，也不能歌唱，只有简单的独白解说，观众的视听感觉及想象力是使节目充实丰富的主要形式。比如，《禅茶》茶艺表演时，茶艺师背后的桌上仅有一个香炉和一对点燃的红烛，并没有太多的说明和讲解，需要靠观众的想象来丰富和补充节目要传达、叙述的内涵，并看出这是在佛门中进行的茶事活动，由此领悟禅茶一味的神韵。

其次，戏曲艺术是以剧本为文字基础，以演员为中心的表演艺术。而茶艺表演作品也需要编写剧本，经过反复的练习、彩排，以表演者的冲泡动作及辅助表演来叙述故事情节和表达作品的主题思想。

最后，戏曲是综合性的舞台艺术。将文学、美术、音乐、舞蹈等多种艺术形式综合在一起，形成了以演员塑造的舞台形象为中心的声、光、形、色等有机统一的综合性舞台表演。表演型的茶艺同样已经脱离了单纯冲泡动作的最基础的阶段，需要将各种艺术手段结合起来丰富自身，并利用声、光、形、色等多种因素构建自己的舞台表演系统。在茶艺表演中融入舞蹈、音乐、灯光布景等艺术元素，丰富、增强了茶艺表演的艺术欣赏性。呈现出完美优秀的茶艺表演作品，这种形式逐渐被茶艺界专家们所接受和推广。但是戏曲中的大场面及演出的核心高潮——剧情的矛盾冲突，这个环节是茶艺表演无法模仿的。如果戏曲作品是一部长篇叙事诗,那么茶艺表演因其节目的局限性则无法表现复杂的情节和激烈的矛盾冲突,而只能是陈述叙事的优美、抒情的散文诗。

在研究茶艺表演的艺术性时,应该强调对表演艺术的最高形态——"艺术意境"的追求。中国的美学家通过研究发现:艺术中的"艺术意境"是通过呈现在面前的、直观的、有限的境象,来激活观众和接受者的艺术想象能力,去接纳或参与创造出作品未直接表现的、超越眼前的无限意象,使艺术作品产生一种深邃隽永的韵味美。诗之道情事,不贵详尽,皆须留有余地,耐人玩味……据其所写之景物而冥观未写之景物,据其所道之情事而默识未道之情事——这就是"艺术意境"要达到的境界。

艺术意境的审美特征如下。

其一,虚实相生的"象外"之"境"的美,意思是客观生活物象外的审美意象之美。

其二,"以景寓情"的"深邃情感"之美,是超出了一般感情的审美感情之美。审美感情要具真、深、美三个要求。意境不是纯粹的景物实体,感情是构成意境不可或缺的重要因素,要把真实的景物和真正的感情相互融合,才能有意境,其中的任何一个因素都不能缺少。真感情,就是审美的感情,这是一种超越世间物质的功利性,使人陶冶性情、净化心灵的感情。

其三,"意与境浑"的"深远无穷之味"之美。意境的突出特点,是具有一种"象外之象""景外之景""言外之味""味外之味""韵外之致""言有尽而意无穷"的只可意会不可言传的艺术境界。艺术意境中蕴含着深邃悠远的审美的韵味、意蕴、情趣。作为茶道艺术,品尝的最高境界就是对意境的追求,让人品尝到茶汤的"味外之味""韵外之致",由此升华到形而上的品茗意境。

茶艺表演中强调清静之美,但并不是片面地强调唯清、唯静,而是要在清和静的基础上将其他美学特征吸收、融合在一起。因此在茶艺表演中,需要将茶叶、茶具、服饰、灯光、音乐、色彩、语言各个方面统一协调,要静中有动、动中有静,不能使表演陷于单调和死板,枯燥无味那就失去了艺术美。表演中,表演者的服饰、茶具的颜色及器型要与茶叶的种类协调。例如,《文士茶》茶艺表演冲泡的是江西婺源的绿茶,用的茶具是景德镇青花瓷盖碗杯,表演者的服饰是蛋青色镶有蓝边的青衫罗裙,显得清新脱俗,与茶具、茶席及节目文人雅士的品茗格调主题相吻合。《九曲红梅》表演冲泡的是杭州的红茶,茶艺师的服装选择了浅红色配有暗红花的旗袍，所有使用的茶具都选用与表演者的服饰及冲泡的茶品协调的红色瓷器，茶席的红色花瓶里还插有一枝鲜艳的红梅，画龙点睛，点明主题，让人有种暖意融融的感觉。

茶艺表演应该包含四个方面的内容。

第一，要具有哲学理念。茶艺虽然是艺术表演，但是也要有自己独特丰富的内涵。例如，白族三道茶中提出的"一苦二甜三回味"的道理，正是一种朴实的哲学理念。

第二，要具有礼仪规范。茶艺也是服务的艺术，具有规定程式的礼仪规范要求。适用于茶艺的礼仪规范包含在迎宾奉茶环节当中，也包含在冲泡品饮的整个过程中。

第三，要具有艺术表现。每一种茶艺都应该具备与其他茶艺相区别的，甚至是独一无二的艺术表现。这种艺术表现有的体现在冲泡技艺之中，也有的表现在冲泡的器具、茶叶和茶艺表演等其他方面。

第四，要具有技术要求。冲泡任何一种茶的茶艺都有其自身的技术要求，即每一款茶如何达到最佳的冲泡效果、口感、观感。这里主要表现为茶汤汤色的明亮、茶具的清新、茶境的雅致，以及茶艺师冲泡时给人带来的舒畅愉快的心情。

如果能达到上述要求，茶艺表演将更加生动完美。

（三）茶艺叙事

在艺术作品的叙事中，语言、形象、声音、建筑艺术都是叙述的媒介。茶艺也具有这些媒介：茶艺解说是语言，茶艺表演者在舞台的展示是形象，茶艺表演冲泡过程中的背景音乐是声音，茶艺表演的茶席和空间环境是建筑艺术。这些媒介与其他方方面面的事项综合在一起，就构成了茶艺表演中完整的叙述媒介。值得重视的是，这些艺术媒介作为作品的主要载体，通过礼仪规范、技术要求，尤其是艺术表现，展示出不同茶艺的叙事情节和哲学理念，并构成了完整的茶艺叙事过程。

虽然茶艺叙事以肢体语言为主导，但其他因素也影响着茶艺叙事。由于茶艺的丰富，茶艺叙事的复杂性较为突出，不同功能的茶艺运用的是不同的叙事方式，不同的茶艺在叙事中也有不同的原则要求。

生活型茶艺，强调既要有"生活的艺术"，又要有"艺术地生活"，提倡生活本身的契合，要达到自然、自在、自如、自由的状态。其又有室内和室外、自饮和待客的区别。生活型茶艺，要根据实际情况如家庭经济条件、个人品饮嗜好及消费需求来定，不需要刻意安排。在待客时也需要做些准备工作，要按照来宾的身份、目的及兴趣来安排，突出温馨、亲和、默契的特色。生活型茶艺的主要步骤是：赏茶，备具，洁具，烧水，温壶，置茶，冲泡，分茶。茶的冲泡过程基本如此，但是具体到不同的茶叶和茶具，冲泡的方法、流程却各具特征，不尽相同，但冲泡动作大体是一致的。生活型茶艺看重的是实用性功能，因此适合的冲泡方法主要有提梁烧水壶持壶方法和紫砂壶持壶方法两种，这两种持法得体又大方。

营业型茶艺，重点在服务和亲和力上，就算只用一种茶叶，也可以展现各种各样不同的肢体语言。乌龙茶的冲泡方法就是典型例子。潮汕工夫茶泡法、福建工夫茶泡法、台湾乌龙茶泡法，由于叙事方式不同，形成了不同的茶艺流派。在营业性茶艺中，不仅要展示不同的茶艺冲泡法使其具有艺术性，还要在服务上做到让人有宾至如归的感觉。

表演型茶艺，要体现中国茶艺共性和个性的和谐统一、完美协调。表演型茶艺的叙事是由哲学理念、礼仪规范、艺术表现、技术要求综合统一、融为一体的。茶艺表演的整个过程，体现了茶艺叙事的关键。虽然茶艺表演有规范的具体要求，但是表演不能僵化，要充满生活的气息和生命的活力。在表演中要做到自然生动，内涵丰富、不拘一格，才能达到茶艺叙事要求的高度和深度。另外，在表演时还要注重作品的意境氛围，不能一味地模仿和照搬，动作的一招一式都学别人，却不融入自己的理解和思想，就会导致表演生硬、做作、呆板，这是不可取的。只有茶艺表演时形式丰富，才能将儒雅含蓄与热情奔放、空灵玄妙与禅机逼人、缤纷多彩与清丽脱俗等各种风格都包容在表演中。表演型茶艺也可以分为以下两种。

规范型茶艺表演，是完全按照动作要求来操作的。在茶艺师考试考核中，不能自行其是，如不按照规定要求来进行展示，考试就不能通过。技艺型茶艺表演，看重的却是技术的难度，是冲泡过程的繁难，以此来突出技艺的观赏性。而至于艺术型茶艺表演，强调的是要有创新、创意、创作、创造的精神。在艺术型茶艺表演的编创中，首先应该明确的是这个作品独特的内涵，如果作品表现的是古代茶艺，就要尽量与历史的文化和风貌贴切。其次，对迎宾奉茶和冲泡过程中所展示的礼仪规范要有具体规定。最后，要将自身独特的甚至是唯一的艺术内涵准确表达，并且要把这种艺术表现贯穿于整个冲泡过程，更表现在器具、茶叶和其他相关物品的配置上。俗语说，细节决定成败。茶艺审美要特别关注细节，雅俗、高低的区别往往在于细节。例如，在表演场所的选择上，是室内还是室外，要看是具体表演哪种茶艺，观看的人有多少，举办茶艺表演的目的是什么。如果是在室内表演，那么茶室环境氛围的营造就非常重要了，要求表演者的位置、来宾的座席都要与所表演的茶艺风格一致；舞台的背景，甚至入口与出口都要合理安排；茶艺表演台的布置，更要求精心、精细、精彩、精妙，并要做到既实用、简单，洁净、优美，又大气、大方，协调、便利，以方便冲泡动作的展示；表演台上的茶具，一定要符合茶艺表演类型的要求，茶具要简净、方便使用，摆放的位置应主次有别、高低错落、美观和谐。除此之外，茶艺表演的背景音乐、茶席布置的色彩选择，都影响着整体的美感。如何布置表演台，需要审美的眼光和艺术的美感，需要在实践中不断摸索、完善、提高。茶艺表演的整个过程，也是茶艺美学外化的过程。但美学体现最关键的还是人，是由人来实现的，因此对于茶艺师来说，要具有高尚健全的人格，要成为爱茶、懂茶，会欣赏茶、享受茶的人。我们常说茶人要有一颗"茶心"——浸透着良心、善心、爱心、美心。孔子说："志于道，据于德，依于仁，游于艺。"（《论语·述而》）而孟子云："吾善养吾浩然之气。"（《孟子·公孙丑上》）宋代大儒程颐说："和顺积于中，英华发于外也。"（《河南程氏艺术》卷二十五）这些哲学思想都渗透于茶心之中，成为茶审美的要求。

茶是洗涤人心的"灵魂之饮"，而"茶心"就是茶艺表演者的灵魂。茶艺师在表演时，要入静、入定、入禅、入境，做到"道法自然，崇尚简净"。"道法自然"，是要与自然相一致、互相契合，达到物我两忘、发自心性的状态；"崇尚简净"，是以简为德、心静如水、返璞归真。只有从思想上解决了表演者的观念问题，才能使其在表演中服饰得体、表情到位、行云流水、韵味无穷。

在茶艺叙事中，有单一用茶艺叙事的，也有把茶艺叙事和文字叙事结合起来的，更有甚者把茶艺叙事、文字叙事和图画叙事融合在一起。源远流长的茶艺，以多种多样的方式进行叙事，对我国的政治、经济、哲学、文艺等各方面都产生了影响，在茶艺叙事中也体现了我国人的个性、思想、感情、行为等多方面的素质。

对茶艺叙事的探讨，进一步拓宽了叙事学的研究视野，还使我们能更深入地思考叙事学的相关理论问题。例如，叙事学把叙事分成了时间叙事和空间叙事，而茶艺叙事却把时间叙事和空间叙事紧密联系在一起，两者很难分开。茶艺叙事中的时间，包括茶艺期望展示的某一段时间和茶艺展示过程中的时间。在分类上，前者属于历史叙事，后者属于现实叙事。茶艺叙事中也存在空间叙事，但是茶艺叙事的特定空间是茶艺场所。茶艺叙事最特别的地方，就是时间与空间是不可分割的。离开了特定的时间，空间就无法定位，而离开了特定的空间，时间就没有依存之处。正因如此，茶艺叙事一直注重按照时间叙事的要求来设定符合的空间。

茶艺叙事的意义，还在于由原来的人为主体的叙事，进而演变为人与物统一的整体的叙事。这就特别要求茶艺师要有"整洁的仪容仪表、端庄的仪态"。茶艺师在茶艺叙事中承担着叙事人的角色，对于他们来说，整洁的仪容仪表、端庄的仪态不仅代表了个人修养，也是工作服务态度和服务质量的重要表现，以及职业道德规范的内容和要求。"从泡茶上升到茶艺，泡茶的人与泡茶过程及所冲泡的茶叶已经融为一体了。"意思是一个人由原来的利用语言进行叙事，发展到用身体的头、身、手、脚各部分叙事，进而整个的精、气、神都参与了叙事。

叙事方式总的来说可以归纳为文字叙事、语言叙事。在研究茶艺叙事时，我们还发现了常规叙事之外的第三种叙事，就是肢体叙事。茶艺叙事的价值和意义在于打破了叙事学原有的研究范畴，开拓了一方新的天地。在研究茶艺叙事时，虽然也强调它是属于肢体叙事的，但肢体叙事却不是茶艺叙事的"专利"。其实一切艺术形式中都包含了肢体叙事，只是它在有的艺术形式中是主体而在有的艺术形式中却处于从属地位。在社会逐渐走向现代化的今天，当我们审视茶艺叙事时，我们发现人们普遍存在一种"回归心理"，这也是物质越来越丰富的今天，人们却格外怀念生产力并不发达的古代的生活方式的原因。

茶艺叙事，作为语言叙事与文字叙事之外存在的另一种叙事方式，或许是人类从本能回归到心灵回归的一种心路历程。但是正如我们所看到的，这种本真的回归并非将原有状态还原重现，而是升华为更高级状态的，更具有艺术性和吸引力的，甚至震撼心灵的回归。

二、茶艺的艺术内涵

我们所感知到的世界,最终是一个有形的世界。因此,对于美的事物来说,外在、直观、真实的状态是不可缺少的。在茶艺审美的活动中,茶的美也不是虚无缥缈的,人们通过对茶的色、香、味、形等直观的外在形态去认识、发现、感受茶之美。正因为有了绚烂的色泽、芬芳的气息、多变的形态,茶之美才变得如此的具体、生动、形象、感人,在这个基础上再通过品饮,把茶与意境结合在一起,将对茶之美的认识从直观的外在形态审美发展到内在精神的抽象审美,并最终升华成高雅、脱俗的审美。在此,我们通过全方位的角度,对茶之"美"的刻画进行深入研究,详细而客观地探寻茶的色、香、味、形之美。

(一)茶形色之美

在茶文化繁盛的唐宋时期,人们就已经注意到茶叶的形态、色泽、嫩度与茶叶的品质有着密不可分的联系。陆羽《茶经》中对茶品质的区分就有"紫者上、绿者次,笋者上、芽者次,叶卷上、叶舒次"的描述。茶的芽叶的形状,有的卷曲,有的舒展,有的细小,有的肥壮。茶的色泽有紫、绿、黄、白等多种。情感丰富的唐宋诗人们,用优美的诗句"泉嫩黄金涌,牙香紫璧裁""合座半瓯轻泛绿,开缄数片浅含黄"等将茶形态多姿、色彩缤纷的美形象地呈现出来。

宋代诗人文同用"苍条寻暗粒,紫萼落轻鳞"的诗句,将自己因珍爱色泽呈紫、细小如"粒"的茶芽而产生的喜悦之情,因茶的柔美而涌出的缠绵之意,都淋漓尽致地刻画了出来。

唐代茶中"亚圣"卢仝的《走笔谢孟谏议寄新茶》中的"仁风暗结珠蓓蕾"一句,不仅将自己对茶芽无比珍视的心情表露无遗,还形象生动地描述了含苞未吐的细嫩茶芽的娇美姿态,令人对茶芽的喜爱之情油然而生。不仅细嫩的茶芽得到诗人的喜爱,肥壮的茶芽在唐宋诗词中也多有描绘。唐宋诗词中喜用"笋""云肤"等词来描述较肥壮的茶芽。"笋"一般是对芽叶长、芽头肥壮的茶芽的形象比喻,而"肤"是肥沃、肥美的意思,常用其描述壮实、油润的茶芽。

唐代白居易的《题周皓大夫新亭子二十二韵》中有"茶香飘紫笋,脍缕落红鳞"；宋代黄庭坚的《双井茶送子瞻》中描写其家乡江西修水名茶双井绿"我家江南摘云腴，落硙霏霏雪不如"；陆龟蒙《茶笋》中的"轻烟渐结华，嫩蕊初成管。寻来青霭曙，欲去红云暖"，则描绘了阳光、云雾给茶芽赋予了灵气和生命，并使人感知一种阴阳融合的美，一种由蓬勃向上的生命力带来的丰盈充实之美。这些诗句都对茶的外在形态美进行了生动的描绘，不吝赞美之词。

唐宋时的茶叶制作以蒸青团茶为主，外形有圆、方及花朵形，并压制成饼状。在评判此类茶的外形时，主要以匀整度和色泽优劣来进行比较。在唐诗宋词中，团饼茶被浪漫的诗人们形象地比喻为"珪璧""圆月""黑玉饼"等。"璧"是指平而圆、中心有孔的玉，似唐宋时期制作的中心有孔的圆饼茶。唐代诗人李群玉的《龙山人惠石廪方及团茶》中以"珪璧相压叠，积芳莫能加"来形容团饼茶；宋代王禹偁在《龙凤茶》"圆如三秋皓月轮"一句中就用"皓月轮"形象地描述饼茶的形状与光润。如今虽已过去千年时光，但读者仍然能从诗中感受到作者对茶油然而生的珍惜喜爱之情，也从诗中领略到了饼茶外形之美。

形色之美的根源在人类社会实践对自然形状结构的把握中，令形色与主体结构相互适应，由此产生审美的愉悦。我们在品读唐宋描写茶的诗词时，感受到了诗人对茶的形状、颜色的审美品位，使人对茶的美产生了无尽的遐想。

（二）茶香之美

茶的香有真香和混合香两种。真香是茶与生俱来的、自带的香味，混合香是由外来香味加入茶中与茶的真香混合而形成的独特香味。不同的茶香各有特点：有的甜润馥郁，有的清幽淡雅，有的鲜灵沁心。正是茶香的捉摸不定、变幻莫测，使茶具有了更加迷人的魅力。历代的文人墨客都争相赞颂茶香之美。

兰花香以清幽深远而被称为"王者之香"，唐宋的文人雅士都特别喜欢兰花香，并常以此来比喻茶香。清幽的香味若有若无，却让人神清气爽、心旷神怡。茶香的清幽之美，在唐宋诗人的笔下被描绘成完美的意象，茶香中蕴含着云淡风轻的高贵，如同高人雅士的旷达胸襟，其心神的清爽豁达，让人敬仰；其宁静的美，让人神往。

唐代诗人李德裕的诗句"松花飘鼎泛，兰气入瓯轻"就描写了似兰的茶香。诗中用"轻"字，形象地刻画了在茶的烹煮冲泡过程中逐渐散发出来的气味如兰花般的、极为清幽的茶香。

宋代的王禹偁曾赞叹龙凤团茶"香于九畹芳兰气"，称赞茶香清幽似兰花芬芳，没有浓烈香味，却淡淡飘散，数里之外皆有清香，令人心神顿开。文学大家范仲淹也有诗句"斗茶味兮轻醍醐，斗茶香兮薄兰芷"，夸赞茶的滋味有醍醐灌顶般的清爽效果，茶的芳香如兰花香却更胜于兰的美妙感觉。宋代石待举的《谢梵才惠茶》中说"色斗琼瑶因地胜，香殊兰茝得天真"，描述了茶的色泽胜过美玉，赞赏了茶的清香如同空谷幽兰。还有宋代袁枢的《茶灶》有"清风已生腋，芳味犹在舌"，形象地描写了品茶后茶香依然留在齿颊之间久久不散的感觉，令人仿佛透过诗句闻到了持久不散的茶香。宋代刘过的词《临江仙·茶词》写道，"饮罢清风生两腋，馀香齿颊犹存"，意思是说饮茶如同让人登临仙境，茶之芬芳让人满嘴生香，且余香持久不散。而宋代的诗人晁补之巧妙地运用夸张的手法，将茶香的悠长持久用"未须乘此蓬莱去，明日论诗齿颊香"的诗句描述出来，刻画了品茶之后，齿颊间香韵绵长、久留不散的感觉，茶的清香让人体会到了飘然欲仙的美妙境界。最值得一提的是，宋代茶家蔡襄在《和诗送茶寄孙之翰》中写道："衰病万缘皆绝虑，甘香一味未忘情。"他通过诗句感慨自己年老体衰，万事都已逐渐忘却，而唯有茶的芳香难以忘怀。

明代朱熹在《茶灶》中写道："饮罢方舟去，茶烟袅细香。"饮茶后，渡船离去，缕缕芬芳的茶香随风袅袅而行，在似有若无的香气中，人的心境达到了忘我的境界，人与茶香已经融为一体，淡淡的茶香牵引着自由徜徉的思绪，升华到了心神合一的美妙世界。茶香的奇妙，可以使人心境无尘，心灵通透。心中散发着风轻云淡的清香余韵，这是人生最高雅、最美妙的享受。

看不见、摸不着的茶香令人忘忧、使人神清，茶香之美在诗人的描绘下变得形象生动。清幽如兰的茶香，品后让人超然脱俗，香气带来的美感和给人带来的舒畅愉悦感，还逐步升华为精神心灵上的美感。唐宋时期的茶人们认为，茶香的真味最美，真是本身所具有、与生俱来的天然味道，不掺杂任何其他人为的香味。在诗人笔下，茶香之美清幽、悠远、脱俗、纯真，由此而形成了一个个无比灵动的审美意象。

（三）茶味之美

茶的最终功用是饮用，因此，滋味的品鉴是整个饮茶活动中最重要的审美内容。在一杯清澈的茶汤中，人们不仅能品尝出茶的苦、涩、甘滑、醇厚的滋味所带来的舒适、清爽及愉悦的感觉，更能品出茶中蕴含的"味外之味"，也就是通过喝茶来感悟生命的真谛,从茶中感受到心旷神怡、襟怀通达的审美境界。茶味之美崇尚的是"清"。清是中国古代美学中很重要的范畴,其意蕴十分广泛。茶味的清,表现为茶汤的淡,但是这种淡,不是寡淡无味,而是轻淡,在似有若无之间其味觉是丰富的,味感是微妙的。

　　唐宋的文人墨客有许多描写茶味清香的诗词佳句:宋代吕陶在《和毅甫惠茶相别》中写道"有味皆清真,无瑕可指摘",叙述了茶味之清真;晁冲之的《简江子求茶》有"北窗无风睡不解,齿颊苦涩思清凉",表达了诗人因茶味的纯真、清凉油然而生的喜爱和留恋之情。茶味以其清凉的特性,成了唐宋文人用以清神、清心的必备饮品。唐代李德裕用茶清"诗思",还发出了"六腑睡神去,数朝诗思清"的感叹;唐代秦韬玉以"洗我胸中幽思清,鬼神应愁歌欲成"的诗句,感慨了茶的清味能让人心境澄清无染,进而达到高洁自身品格的人生体验;唐代宰相、书法家颜真卿云"流华净肌骨,疏瀹涤心原",已将茶当成了涤除烦恼、品格高尚的挚友;唐末著名大诗人杨万里用"故人气味茶样清"的名句将茶刻画成"清美"的君子形象。以上的众多名诗佳句,都将唐宋文人对茶之美的推崇描绘得淋漓尽致。

　　除了对茶味之清的描写,对茶味的甘甜、醇爽、鲜美的描写也都有笔墨留存世间。梅尧臣在《得雷太简自制蒙顶茶》中用"汤嫩乳花浮,香新舌甘永"的诗句来赞美茶味的甘甜。一杯香茗,初饮时茶味微苦,细品后生津回甘,从喉间涌上的缕缕花果的香甜停留在齿间,让人久久不能忘怀。在唐宋诗人的笔下,有许多对茶的苦后回甘之味的描述,诗人们将此味比作"甘露"和"琼浆",茶味之美胜过了甘醇的"流霞"——柳宗元的《巽上人以竹间自采新茶见赠酬之以诗》有"犹同甘露饭""咄此蓬瀛侣,无乃贵流霞"的诗句。诗僧皎然《饮茶歌诮崔石使君》也用"何似诸仙琼蕊浆"形容茶味之美胜过诸仙的琼浆玉液。好茶的滋味醇爽,入口润滑不紧涩,饮过之后提神醒脑、齿颊留香。唐宋诗人将令人通体舒泰的茶味之美称为"爽",陆游有诗《北岩采新茶》云:"细啜襟灵爽,微吟齿颊香。"香茗一盏蕴含甘与苦,人生的百味都在其中。饮茶让人口舌生津,神清气爽,苦后的回甘之味更加令人神思悠远,对人生的感悟不过如此。唐宋诗人们亦在此中品出了茶的"味外之味"。欧阳修用"吾年向老世味薄,所好未衰惟饮茶"的诗句,表达了在茶中品出了人情如纸、世态炎凉的苦涩味;文彦博的"蒙顶露牙春味美,湖头月馆夜吟清"在茶中品出了春风得意之味;苏东坡诗"森然可爱不可慢,骨清肉腻和且正"从茶中品出了豪气千丈、襟怀坦荡的君子味；刘禹锡的"僧言灵味宜幽寂，采采翘英为嘉客"在茶中品出了淡泊明志的清灵之味。诗人们以诗抒发对茶味之美的赞叹和感悟，并根据各自的社会地位、文化底蕴、品茶环境及心情的差异，分别从茶中品出了属于自己的不同"滋味"。茶味亦如人生之味，我们从一杯茶中，品尝到的是茶味之美，也感悟到了人生的真味。

茶的姿态、形色、清香、醇味给人带来了视觉、嗅觉、味觉上美的享受。一杯形美味甘的茶，就像一幅立体的画卷、一首无声的诗歌，令人赞叹感怀。人在品尝茶味时，对茶之美有了更深入的感悟。品茶之余，神清目明，冷静地洞悉人生的真谛。在文人雅士的诗中，茶已化成一个个清灵、幽香、脱俗的审美意象，展示于世人的精神世界中。而茶中所包含的含蓄、隽永及兴味悠然，无不体现出唐宋文人雅士们高洁、清淡的人生追求和审美品位。

（四）茶境之美

在茶的审美过程中，我们可以通过感官体会到茶的形、色、味、香，同时通过"物我观照""净静虚明""妙悟自然"的精神体会，最终达到审美的最高境界。中国艺术意境之美所表现的是主观的生命情调与客观的自然景象的交融互渗，进而成为一个莺飞鱼跃、活泼玲珑的灵境，此灵境就是构成艺术的"意境"。意境是只可意会不可言传的，是极其复杂而又微妙的心理活动。人对茶的审美是由浅入深，是逐步从感受、体验到把握内在精神的过程，过程中要经历不同的层次，直至最终升华。唐宋诗词中表现出的茶艺审美境界分为三个层次：一是"有我有茶"，是指寄情于茶；二是"茶我同一"，是人与茶融为一体；三是"无我无茶"，也就是"天人合一""万物与我同一"，在此层境界中，人与茶都已不再是以单纯独立的个体存在，所有的一切都已融入了天地之间。

1. 有我有茶

有我有茶，是茶人在茶中品味人生、观照人生，使茶成为寄托情意和思想感情的载体。品茶者从赏心赏茶之角度出发，游心于茶味之中，将有我有茶的境界反映出来，寄托了品茶者的情感。作者从茶中感悟到世事的沧桑变幻，从茶中体会了人间的真善与情感，并由此使审美主体的情感与茶相融的"和"达到了审美的最高意境。

宋代词人秦观在《茶》中对此意境有这样的描述："茶实嘉木英，其香乃天育……愿君斥异类，使我全芬馥。"秦观生活的宋代茶风盛行，品茗会友是当时文人之间的常事，作者借助日常生活中最平凡的题材，以茶喻人、喻事。他高度了赞扬茶的"芳"香不逊于"杜衡"，茶的"清"可与"椒菊"相媲美，以美好的"杜衡"和高洁的"椒菊"来衬托茶之美，但是他对在茶中添加香料却极力反对，认为为了保持茶的纯度和洁净，不能在茶中加入"异类"，这是对茶内在精神"清"的准确把握。作者以茶寓情，把自己的志向寓于品茗之中，认为在红尘纷杂中，唯有不与俗世为伍，不与"异类"同流合污，才能实现自身的高洁之志，达到"有我有茶"的境界。

苏轼《和蒋夔寄茶》中也有对"无我无茶"境界的描写，表达了作者"随缘自适"的人生态度。另一首诗《泗州僧伽塔》，描写苏轼颠簸辗转，在仕途失意、生活艰苦的境况下，好友寄来了极为珍贵的茶，诗人感激万千，由此引发了对自己坎坷人生的感慨，感叹人生应随遇而安，没有必要在意生活的富庶和困苦。诗人襟怀豁达，并"无心"于仕途的得失、生活的贫富，在茶中，诗人的心灵已从尘俗的困扰中超脱出来。他的《试院煎茶》中还有着更为深刻的内心独白："不用撑肠拄腹文字五千卷，但愿一瓯常及睡足日高时。"面对泡茶的银瓶，诗人发出了"未识古人煎水意"的感慨，而"我今贫病常苦饥"，则深刻地意会到自己人生的孤独、失意。但是苏轼并没有因此沉沦颓废下去，反而以更高远的心境体察人生之荣华与落寞。茶在这里不仅是实指，更是贯穿于诗人的精神中，使他与不同历史洪流中的人物神交意会，从此在寂寞无人时不再感到形单影只。茶香还驱散了诗人孤身在外无可言状的痛苦和孤独，他在茶中体悟到世态炎凉和人间温情，认为人要在"净静虚明"的状态下达到超脱的境界。

沈德潜《说诗晬语》说："诗贵牵意，有言在此而意在彼者。"他认为茶道与"物之理无穷，诗道亦无穷"相一致。如陆游《效蜀人煎茶戏作长句》中"饭囊酒瓮纷纷是，谁赏蒙山紫笋香"，感叹了当时怀才不遇的惨淡时势；而张扩《东窗集·碾茶》"莫言椎钝如幽冀，碎璧相如竟负秦"，以茶饼粉身碎骨高度赞扬蔺相如为伸张正义，敢于抗争的大无畏精神。

综上所述，诗人们在"有我有茶"的境界中，通过对茶及对茶事活动的描述，表达了更深远的精神情韵。但是，在"有我有茶"的这一层境界中，诗人只是在品茶中观照自我，洗涤心灵，体悟茶道的内在情韵，却依然不能完全摆脱自我的束缚，即并没有将"我"与"茶"融为一体，因而还需更高层次的净化修炼。

2. 茶我同一

茶我同一，就是在品茶的境界中，在直观品饮的体验上，得到心灵的感悟，内心与茶达到精神上的沟通和融合，茶品即人品，人品即茶德，由此达到"茶我同一"的境界。这一层境界的具体表现是用一种纯正自然、不与世俗同流的心态来品味茶，探寻茶之真味，达到人的自我回归，即"茶亦是我，我亦是茶"的美好境界。

苏轼的《次韵曹辅寄壑源试焙新茶》是描写"茶我同一"境界的佳作，描写了茶生长在云蒸霞蔚的山之上，天生丽质且不用任何粉饰，幽香四溢，在充满天地灵秀的环境中，诗人把自己与唐代诗人卢仝相提并论，一起感悟茶的仙灵之性。"戏作小诗君勿笑，从来佳茗似佳人"这一句是诗人在自然随性的状态中品味茶，并将茶比作佳人，通过佳人的完美形象来观照自己的品德言行。在苏轼的心中，完美的佳人既要具有清丽脱俗的外表，也要具有纯洁的心灵、高尚的情操。诗中的佳人也是作者对自己人格的观照，此时佳茗与佳人已不分彼此，茶与人已经合为一体。诗人与茶还成为精神上融为一体的生命体。诗人从茶中得到心灵的净化，精神的升华，茶的清澈和脱俗的品德也塑造了诗人内心真实的"自我"，这个内心的"自我"与现实中的"我"的精神品格完全相融，由此达到了"茶我同一"的境界。

唐代诗人吕岩的《大云寺茶诗》也有描写"茶我同一"境界的诗句。"玉蕊一枪称绝品，僧家造法极功夫"，首先描写茶叶之美，告诉人们茶是僧人精心制作而成的，茶的品质极佳。"兔毛瓯浅香云白，虾眼汤翻细浪俱"，形象地描述了茶的烹煮过程，在茶汤初沸时细细的波浪涌动，茶汤面上的水泡如虾眼般细小，用来盛茶的器具是珍贵无比的兔毫盏。"断送睡魔离几席，增添清气入肌肤"，茶饮之后，人变得神清气爽，睡意全无，茶的清香沁入身体肌骨，洗去了心中的尘污。如此不染尘俗的茶，默默独自生长在溪水岩石边，如同品行高洁的人一样，在物欲横流的社会环境中，是多么令人敬佩的高尚品德。正是在深深的感悟和理解中，诗人将茶的品质与自身融为一体，升华至宁可幽居在溪岩旁，也不愿落入纷乱红尘之中的"茶我同一"境界。

杨万里的"故人气味茶样清，故人风骨茶样明"则完全将茶品与人品融为一体，在诗人心中，"我"与"茶"已无彼此，是茶喻人还是人喻茶已分不清。在诗人所感悟的"茶我同一"的境界里，"茶"与"我"已如影随形，但诗人所领悟的茶中包含的精神活动，还处于互融的状态，并未完全达到忘我的境地。他对家乡的名茶"双井苍鹰爪"异常钟爱，在诗中赋予其无上的灵性，描写了茶的香从"灵坚"中来，茶的味由"白石"中蕴，茶的脱俗不凡由此可窥。而"龙焙东风鱼眼汤"的诗句则表现了诗人熟谙茶艺，深得品茶中"三味"的艺术，在茶的品饮中逐渐抛去现实的烦恼，神游在荆州的困境之外，在茶中找到了逃避现实的寄托。诗中描写了诗人通过品茶看淡功名绩业，不再患得患失，富贵在其心中如同浮云，表现出坦荡平和、空灵淡泊的心境。而"个中即是白云乡"和"始耐落花春日长"之句则表达出诗人对人生百年繁华如过眼烟云的感叹，在茶的审美中把自己与山水融为一体的心境刻画无遗，此时诗人的心也返璞归真、回归自然，进而升华达到了忘我的境地。

还有许多诗句如许及之《煮茗》"境缘看渐熟，吾亦欲忘言"，刘得仁《夏夜会同人》"沈沈清暑夕，星头俨虚空……日汲泉来漱，微开密筱风"等，亦有不少"无我无茶"品茶境界的描述。由此可见，品茗的时光是美好快乐的，令诗人们如痴如醉，达至"忘我"的境界。

3. 无我无茶

"无我"的境界是庄子哲学思想中的一体道方法。《庄子·齐物论》中"庄周化蝶"的故事将"忘我"的意境进行了巧妙的阐释。王国维对于"无我"的思想也有自己的认识，他在《人间词话》中曾说道"无我之境，以物观物，故不知何者为我，何者为物"，特别强调要消除物我之间的界限，达至非我非物、物我两忘的境界。这种观点在品茶境界中则是一种"无我"的精神状态。北宋画家文与可擅长画竹，在他的画作中"见竹不见人，岂独不见人，然遗其身，其身与竹化"，消除了物与人的对立，从而达至自然相合、万物同一的境界。在这样的境界中，"我"与"茶"都融入了天地万物中，成为品茶的最高境界。

描写此境界的唐宋诗词也有许多，如黄庭坚《品令茶词》。在此词的一开头黄庭坚描写了茶的名贵。宋初进贡的茶，先制成茶饼并饰以龙凤图案，皇帝赏赐近臣龙凤团茶来以示恩宠，足见龙凤团茶的珍贵。接着诗中又对碾茶的情景加以描述，先将茶饼碾碎成末，经细致加工，再碾成粉屑，用水煎煮。煎好的茶汤，清香扑鼻，令人尚未品饮就已神清气爽。在赞赏茶之美味时，他写做出了"醉乡路，成佳境。恰如灯下，故人万里，归来对影"的名句。用"灯下""故人万里，归来对影"来烘托品茶的氛围和意境，内涵更为升华，形象也更为鲜明，将品茶的美妙意境形象地比喻为故人万里归来，虽相视无言，但心潮澎湃、心意相知相通的妙悟心境。词中茶、我在何处均无迹可寻，而恬淡的快乐与我同在，如此意境是"无我无茶"最好的诠释。黄庭坚作为江西诗派的鼻祖，在其他有关茶的诗词中也多有此意境的描写，如《戏答荆州王充道烹茶四首》。他通过茶诗，告诉世人：人生修行的境界可以通过品茶来体悟。有些茶诗虽貌似意境高远，但对茶道的领悟不深，而有些诗虽初看上去艺术笔墨较淡，其中却蕴含着对茶道的深刻领会。因此，评价茶诗要结合不同茶的特点，并兼顾诗文的艺术美感，通过领悟茶道来感悟生命与自然规律的契合，从"有我有茶""茶我同一"的层次进化到"无我无茶"，每一层的感悟都是进化的过程，在升华中体味生命的真谛，使自己的身心都置于广博浩渺的大千世界，此时方能体悟到自身的渺小，并将个人的得失忘于虚空。《庄子》中云："游心于淡，合气于漠，顺物自然而无容私焉。"意思是说，在人与自然的和谐之中获得了精神的无比愉悦。在"无我无茶"的境界中，人们跨越了主体与客体的界限，逐渐消除了对人生中色、空、生、死等问题的困惑，对于自身也不再执着"有"与"无"，而是以"一色一香，无非中道"的价值观去观照自身和自然万物的真意，体悟"看心看静，却是障道因缘"的通达境界，人生至此所体道悟真的禅意，才能打破"有""无"之争，使内心处于"无心"之境地，由此实现自我与万物的同一。

唐代卢仝著名的《七碗茶歌》却是多重境界并存于其中的。"一碗喉吻润，两碗破孤闷。三碗搜枯肠，惟有文字五千卷。平生不平事，尽向毛孔散。四碗发轻汗，五碗肌骨清，六碗通仙灵。七碗吃不得也，唯觉两腋习习清风生。"《七碗茶歌》是唐代卢仝所作，生动描绘了品茶的逐层体验。首碗，茶润喉吻，带来初步舒适；次碗，茶解孤闷，心情渐舒；三碗，茶激灵感，似翻阅五千卷书；四碗，茶促微汗，排解心中不平；五碗，茶清肌骨，身感轻盈；六碗，茶通仙灵，心灵超脱；至七碗，茶力已极，唯感清风拂腋，心境宁静。此诗以茶为引，展现了从生理到心理的全面享受，以及对精神自由的向往。每增一碗，茶之效益递进，不仅体现了茶的物理作用，更深刻反映了其对心灵的净化与升华，是中国茶文化的经典之作。

以上所叙述的品茶三重境界，其目的都是把握茶道的内在精神实质，由此体悟茶道的不同境界。这种体悟是中国传统美学也是传统茶文化研究难以系统化、全面化的根本原因。因此，品茶时一定要秉承求真务实的科学精神，去探寻我国古代茶事活动中审美对象、审美活动的发展规律，通过呈现出来的表面现象认清传统茶文化的本质内涵，进而为构建适用当代茶学和茶文化的科学体系添砖加瓦，贡献才智和力量。

（五）茶韵之美

茶界近年来在价评某些茶叶的品质时，经常使用"韵"这个字，如武夷岩茶有"岩韵"，安溪铁观音有"音韵"，凤凰水仙有"山韵"，台湾冻顶乌龙具"喉韵"，广东岭头单丛有"蜜韵"，普洱茶则是带着"陈韵"的。对茶涉足不深的人难以理解"韵"的含义。季羡林先生有一篇《关于神韵》的文章，专门论述文学评论中的神韵和气韵，将先生对于"韵"的理解运用到品茶中，我们可以体会"韵"到底是什么东西。因为评茶时使用的可与"韵"搭配而构成的词很多，为了便于表述，在这里统称为茶韵。

以"韵"评说茶叶品质的记载，早在唐代就有。唐代杨华所撰写的《膳夫经手录》中说，"潭州茶、阳团茶、渠江薄片茶、江陵南木茶以上四处，悉皆味短而韵卑"，其中就已提出了"茶韵"。但自此以后就很少有用"韵"来评价茶叶品质的历史记载了。武夷岩茶是最早使用"韵"来评价茶叶品质的，也就是经常用来描述武夷岩茶的"岩韵"。其实在民国以前的茶叶著作及茶叶文献中并没有发现使用"岩韵"一词来论述武夷岩茶品质的记载。真正开始使用"岩韵"来描述岩茶的滋味，应当是在1949年之后才出现的。到后来，其他的茶类也出现了茶韵的说法：普洱茶有"陈韵"，黄山毛峰具有"冷韵"，西湖龙井有"雅韵"等。那么，茶韵的含义究竟是什么呢？陈德华在《说岩韵》一书中进行了解读：岩韵其实就是武夷地土香。而安溪铁观音的"音韵"是只存在于茶树品种铁观音中，其他的如本山、黄桓、毛蟹等品种加工做成铁观音后却并没有音韵。岭头单丛茶一直用"蜜韵"来描述这个品种的特色，产地的不同对单丛茶树品种中蕴含的"蜜韵"是有影响的。还有茶学家认为，武夷岩茶的"岩韵"是"茶水厚重、香气清幽、回甘明显、滋味长久"，并认为武夷山中"烂石加青苔发出的气息"是导致"岩韵"产生的最直接的原因，也是其最原始的味道。

以上论述的资料，只能说明茶韵是存在于茶中的感觉，但是却没有说清楚茶韵究竟为何物，下面对茶韵具有哪些物质基础进行探讨。茶界泰斗张天福对铁观音的"音韵"有独到的理解，他认为应具备三个明显的内容才能体现出茶韵的品质特征；一是品种香显；二是茶汤里有品种的香气；三是品饮后有回味并余韵犹存,齿颊留芳。还有专家着重探讨了乌龙茶中特殊的"岩韵"与"音韵"的感官特征与物质特性。武夷岩茶由于茶多酚、儿茶素、咖啡因的氨值较高,所以其"岩韵"浓厚;铁观音的氨基酸含量、酯型儿茶素占儿茶素总量比较高,因此其"音韵"厚而悠长。此研究揭示了茶韵的物质基础,并告诉人们,构成茶韵的物质就是我们通常所说的茶叶主要成分。因为武夷岩茶和铁观音的主要成分不同,所以两者的茶韵也有很大的不同。由此,是否可以理解茶韵是茶叶品质或与茶叶品质相关的物质,只是换了名称为"茶韵"而已。陈德华在《说岩韵》一书中论述了"岩韵"的形成,认为其主要是由茶树品种、生态环境、栽培技术、制茶工艺等因素造成的。高质量的鲜叶经过适度晒青、轻摇青、薄摊青、长凉青、重杀青、低温复火、干燥包揉、文火慢焙,可以增加茶的韵味。而运用真空包装、低温干燥储藏等技术也是增强安溪铁观音"音韵"的有效措施。这些资料进一步论证了茶韵不是纯自然状态下才具有的,而是可以人为控制的。如此,更加证实了茶韵其实就是茶叶的品质。上述的茶韵都是评价茶叶品质时的韵味,其实品茶的韵是可以有两种含义的:其一,作为评茶术语的"韵",这是一种味觉的感应;其二,文化层面上的茶韵,是茶的文化含义。在品茶时可以领会到茶韵,而这种"韵"是精神产物,是品茶后的一种美好的余味或者回味,是人们在品茶后精神上的一种领悟。

综合上述研究,对茶韵可以得出以下看法。

第一,茶韵是真实存在的。在品茶时,我们确实可以领会到茶韵,这可以在众多评茶大师的书籍和古往今来文人墨客的诗句中得到证实。唐代卢仝《七碗茶歌》中的"两腋习习清风生"就是茶韵的最好见证。

第二,茶韵的内涵本质。茶韵虽然与茶叶品质有关,但又不同于茶叶品质。因为影响茶叶品质的只有客观因素,而对茶韵产生影响的既有客观因素,又有主观因素。茶叶品质是物质的表现,是可以通过科学实验和分析测定来确定的,并且可以标准化。而茶韵还是茶的文化内涵,是精神产物,是品茶之人在精神上的升华。

第三,领会茶韵有方法。首先,要有好茶,品质不好的茶自然产生不了茶韵。其次,要学会喝茶。会喝茶有两层含义:一是有喝茶的技术,懂茶,懂得适合茶的冲泡方法;二是具有领会茶韵的能力,也就是具有较高的文化素养和艺术修养。最后,茶韵的领会需要好的环境和心境,两者兼具,才能使茶人真正品味到茶的韵味。

三、茶艺的艺术美感

茶艺审美的内容和范围受到社会文化环境的影响,不同历史时代、不同地区、不同民族的茶艺审美内容不尽相同。中国式的茶艺审美,以"清、和、简、趣"的思想为指导,审美的范畴主要从茶艺活动的仪式感、朴实、典雅、清趣等方面来着手研究。

(一)仪式感

人们对美的追求是一致的,茶艺审美的仪式感属于优美的审美范畴,是以优美为情感表征的审美,是一种深达人心的单纯、静默、和谐的美,包含着长时期的耐性和清明平静的温柔美。茶艺活动的仪式感,在审美形式上就强调有节奏的礼仪和有特别规定的步骤,其核心特征是一种崇拜日常生活俗事之美的仪式,并由此表达出审美情感的静默内化与温柔和谐。而这种仪式感是人们日常生活节奏的美的提炼,并由此来照亮日常生活——即使是只在规定的境象中。

茶艺的仪式感从审美形式而来,在仪式中体现美感,是茶艺审美要求最核心的规定。茶艺的美感就在其一招一式的仪式之中。当我们进入了茶艺的仪式中,就进入了茶艺的审美之中。美从日常生活中来,茶艺的仪式感从形成时就在具有美感的审美范畴中,茶艺的仪式感具有东方传统文化气质并具有丰富内涵的审美特征。仪式感既是茶艺审美的基础,也是茶艺审美的范畴,这是茶艺审美特有的要求。

(二)朴实

茶艺审美中的朴实之美,是来源于茶艺中独一无二的审美对象——茶汤,并由茶汤而带给人味觉、视觉、嗅觉、听觉、触觉上的享受,它满足了人最重要的自然欲望——解渴,并带来其他生理感受。作为茶艺审美对象的茶汤,带给人身体的享受,也带给人内心的体验。这使人们从普通的饮食生活中发现了高雅的审美情趣,使审美与人的感官和享受建立起了密切联系,给人们的日常生活增添了文化与审美的意义。因此,茶艺的朴实美是一种"充实"的审美范畴。

茶艺的朴实美中还包含着朴素美。朴素美是茶艺审美的核心内容，在中国的各个历史朝代中都赋予了茶艺或饮茶以朴素美的文化秉性，并上升到通过饮茶来修身养性的高度。受老子以自然美为美的本体思想的影响，以朴素卸去人们心中的种种欲望，使心灵的空间安放于朴实清静之中，这正是茶艺审美的重要范畴。

茶艺的朴实之美也是无味之美。无味，是对茶艺活动中审美体验的观察和总结。所谓的无味，就是要全神贯注地去体味和感受美的最高境界，通过品茶这一日常行为去体会审美的内质，以自然之真味来感受人们的生活，这就是"茶道"的本质特征和深刻意蕴，人们从中感悟到生命的真谛，由此获得最完美的享受。饮茶是对茶汤的品鉴，最终目的是通过无味之升华，达至以茶修"道"的最高境界。而这种朴实落实在具体的茶艺活动中，就是在环境、器具、茶席设计等方面，都尽力地追求一种朴素淡雅的意境，追求返璞归真的美。因此，朴实之美是茶艺之美的最高追求。

（三）典雅

茶艺中的典雅之美主要表现在技法方面。茶艺技法的典雅表现为气韵生动和心技一体之美。气韵生动是要求茶艺师熟悉掌握沏茶的动作，冲泡手法流畅、灵巧，将一切技巧、方法熟练地运用，使人们看到在茶席中展现的茶艺师内在的神气和韵味，以及优美、雅致的状态。心技一体，是指茶艺师要把自己的内心与技法完全融为一体，做到知行合一。优秀的茶艺师要具备一颗温良的茶心，还要拥有沏茶、品茶、鉴茶的高超本领，才能真正地沏出好茶。

茶艺中的典雅之美还表现在与其他艺术形式的融合中。茶是有着兼容并蓄的精神的，同样，作为中国传统文化的典型代表，茶艺与其他艺术形式也有较强的融合性，而融合是在"典雅"的范畴中进行的。优秀的茶艺师要具备高雅的品质、端庄的举止、周到的礼仪，在茶席的艺术设计上要给人美好的享受和蓬勃的正能量。在与多种艺术形式融合的过程中，要按照以"和"为美的原则，创造出温雅平和的审美意境，从而深化茶艺的审美内涵和审美力量。

（四）清趣

茶艺审美中的"清"是指清洁之美。对茶具的清洁是检验茶艺审美最基础和重要的步骤，也充满着审美意蕴。光亮清洁的器具表现出色彩和质地之美，整洁的茶境给人以心情舒畅的感受，洁净的茶空间体现出了茶艺师静默的关爱，这些都是茶艺中"清"之美的具体表现。

同时，"清"也是自然之美，包含人与自然更贴切的对话和理解的"自然心"。自然心表现了对世俗之美的一种洗涤状态，是茶艺师创造出的干净整洁的自然环境。茶室洁净明亮，应着四季的景色，使人的心灵也清洁通透。自然之心是茶艺师通过技艺训练，不断提高自身修养素质而获得审美感悟后，用心灵的洁净完成整个茶空间清洁过程的体现。

茶艺之趣中的"趣"是生动之美，是赋予日常生活以灵动之美，有趣之美是茶艺重要的审美范畴。在安静的观照之中去体会生命的节奏，茶艺活动过程在几乎重复、平淡、安静的状态中将生命的新鲜力量表现出来，把记载生活和生命历程的趣味表现出来，是一种需要经过历练的高超的艺术。

"趣"是情感之美，清趣是茶艺审美追求的境界。茶人们要积极适应社会，又要把握自己的思绪和感情，不为外在的事物、妄想和错觉所牵累，以此，把通过茶道陶冶的修为散落在日常生活中。

第二节　茶道艺术

一、茶道与茶艺

（一）茶道

中国茶道有三义：饮茶之道、饮茶修道、饮茶即道。

饮茶之道是饮茶的艺术，是一门综合性的艺术，它与诗文、书画、建筑、自然环境相结合，把饮茶从日常的物质生活上升到精神文化层次；饮茶修道是把修行落实于饮茶的艺术形式之中，重在修炼身心、了悟大道；饮茶即道是中国茶道的最高追求和最高境界，煮水烹茶，无上妙道。

在中国茶道中，饮茶之道是基础，饮茶修道是目的，饮茶即道是根本。饮茶之道，重在审美艺术性；饮茶修道，重在道德实践性；饮茶即道，重在宗教哲理性。

中国茶道集宗教、哲学、美学、道德、艺术于一体，是艺术、修行、达道的结合。在茶道中，饮茶的艺术形式的设定是以修行得道为目的，饮茶艺术与修道合二为一，艺之为道，道之为艺。

中国茶道既是饮茶的艺术，也是生活的艺术，更是人生的艺术。

好的茶可冲七泡还存有甘香，就如人生，平平淡淡才是真，之后茶味渐渐淡去，却余香尚存；就如友谊，虽然淡如水却又清香悠远。闲暇时光，身心疲惫的时候，或是心头郁闷，心里失去平衡的时候，不妨冲一壶上好的工夫茶，有人对饮也好，一人独品也好，放松疲倦的身心，把思绪溶在茶中，让灵魂皈依到平淡安详的境界中，享受思想的瞬间感悟和心灵的宁静，细细地咀嚼人生，静静地参悟，让灵魂修得圆满，在"和、静、怡、真"的茶道中品悟人生的真谛。

茶道是以饮茶艺术为形，体现饮茶之道和饮茶修道过程的修道、行道方式。"茶道"以茶为媒，人们通过沏茶、赏茶、饮茶来修身养性、陶冶情操、增进友谊、品味人生，达到精神上的享受和人格上的完善。通过饮茶，把思想升华到富有哲理的、关于世界人生本体的道的境界。通过茶事活动，人们领略茶之天然特性，品味茶的芬芳香醇，感受特有的闲和宁静，趣味无穷。

茶道是茶与道的融合与升华，阐释茶道即是理解和把握茶文化。茶道的文化核心是"和"。在古人看来，饮茶不像烹肉炒菜、熬粥煮饭那样为生存而食，而是通过茶、器具和艺术，把物性与人性有机融合。饮茶既是一个物质过程，又是一个艺术体现、精神享受、精神陶冶、直觉体悟的过程。这一过程就是通过茶事活动引导个体在美的享受过程中完成品格修养，实现和谐安乐之道，这与中国传统哲学倡导的"和谐"思想相吻合。

茶道是"和"的过程。和而阴阳相调，和而五行共生，和是中庸之道，和乃"天人合一"。陆羽对此曾作专门的阐述：凡茶有九难"造、别、器、火、水、炙、末、煮、饮"，因而茶事活动是综合、协调"茶、水、器、火、境"各项要素的复杂过程。具体而言，风炉用铁铸从"金"；放置在地上从"土"；炉中烧的木炭从"木"，木炭燃烧从"火"；风炉上煮的茶汤从"水"，煮茶的过程就是金木水火土五行相生相克并达到和谐平衡的过程。正因为如此，中国茶道特别是茶文化流传千古，名扬海外，人所共知。

茶道，体现人生境界之美妙。茶道不仅为历代文人所崇尚，为百家诸子所融洽，为"儒家治世，佛家治心，道家治身"杂糅相生，更为中国百姓民众钟情不舍。茶道，融入百姓生活，与民生共存，是生活艺术无价之宝，中华民族之国粹。

（二）茶艺

"茶艺"一词是我国台湾茶人在20世纪70年代后期提出的，现已被海峡两岸茶文化界所认同、接受，然而对茶艺概念的理解却存在一定程度的混乱，可谓众说纷纭，莫衷一是。

我国古代有"茶道"一词，并承认"茶之为艺"。其"茶道""茶之艺"有时仅指煎茶之艺、点茶之艺、泡茶之艺，有时还包括制茶之艺、种茶之艺。古人虽没有直接提出"茶艺"概念，但从"茶道""茶之艺"到"茶艺"只有一步之遥。

茶艺，分成广义和狭义的两种界定。

广义的茶艺是研究茶叶的生产、制造、经营、饮用的方法和探讨茶业原理、原则，以达到物质和精神全面满足的学问。

狭义的茶艺是，研究如何泡好一壶茶的技艺和如何享受一杯茶的艺术。

从这里，我们知道：茶艺的范围包含很广，凡是有关茶叶的产、制、销、用等一系列的过程，都是茶艺的范围。例如，茶山之旅、参观制茶过程、认识茶叶、如何选购茶叶、如何泡好一壶茶、茶与壶的关系、如何享用一杯茶、如何喝出茶的品位来、茶文化史、茶业经营、茶艺美学等，都是属于茶艺活动的范围。所谓茶艺学，简单的定义就是研究茶的科学。茶艺内容的综合表现就是茶文化。

"茶艺"一词由我国台湾茶人提出，将其作为"茶道"的同义词、代名词。

茶艺即饮茶艺术，是艺术性的饮茶，是饮茶生活艺术化。目前世界上许多国家、民族具有自己的茶艺，中国是茶艺的发源地，中华茶艺是指中华民族发明创造的具有民族特色的饮茶艺术，主要包括备器、择水、取火、候汤、习茶的技艺以及品茗环境、仪容仪态、奉茶礼节、品饮情趣等。中华茶艺不局限于中国大陆及港、澳、台地区，已经远播海外，有在日本的中华茶艺，有在韩国的中华茶艺，有在美国的中华茶艺等；在中国的茶艺也不都是中华茶艺，还可以有日本茶艺、韩国茶艺、英国茶艺等，不能将在中国的外国茶艺视为中华茶艺。

茶艺之"艺"是指艺术，它具有一定的程序和技艺，但不同于茶学中的茶叶审评。茶艺是人文的，茶叶审评是科学的；茶艺是艺术，茶叶审评是技术。艺术是主观的、生动的，技术却是客观的、刻板的。在茶艺中，所用茶为成品干茶，因而种茶、采茶、制茶不在茶艺的范畴之中。

茶艺是综合性的艺术，它与文学、绘画、书法、音乐、陶艺、瓷艺、服装、插花、建筑等相结合构成茶艺文化。茶艺及茶艺文化是茶文化的重要组成部分。

目前海峡两岸茶文化界对"茶道"的定义也不统一，茶道是以修行得道为宗旨的饮茶艺术，包含茶艺、礼法、环境、修行四大要素。茶艺是茶道的基础，是茶道的必要条件，茶艺可以独立于茶道而存在。茶道以茶艺为载体，依存于茶艺。茶艺重点在"艺"，重在习茶艺术，以获得审美享受；茶道的重点在"道"，旨在通过茶艺修身养性、参悟大道。茶艺的内涵小于茶道，茶道的内涵包容茶艺；茶艺的外延大于茶道，其外延介于茶道与茶文化之间。

这里所说的"艺"，是指制茶、烹茶、品茶等茶艺之术；这里所说的"道"，是指茶艺过程中所贯彻的精神。有道而无艺，那是空洞的理论；有艺而无道，艺则无精、无神。茶艺，有名，有形，是茶文化的外在表现形式；茶道，就是精神、道理、规律、本源与本质，它经常是看不见、摸不着的，但你却完全可以通过心灵去体会。茶艺与茶道结合，艺中有道，道中有艺，是物质与精神高度统一的结果。

目前茶文化界对于茶艺的分类比较混乱，有以人为主体分为宫廷茶艺、文士茶艺、宗教茶艺、民俗茶艺，有以茶为主体分为乌龙茶艺、绿茶茶艺、红茶茶艺、花茶茶艺……还有以地区划分为某地茶艺，甚至还有以个人命名的某氏茶艺（茶道），不一而足。

茶艺分类标准应依据主泡饮茶具来分类。在泡茶茶艺中，又因使用泡茶茶具的不同而分为壶泡法和杯泡法两大类。壶泡法是在茶壶中泡茶，然后分斟到茶杯（盏）中饮用；杯泡法是直接在茶杯（盏）中泡茶并饮用，明代人称之为"撮泡"，撮茶入杯而泡。

茶艺分为工夫茶艺、壶泡茶艺、盖杯泡茶艺、玻璃杯泡茶艺、工夫法茶艺五类，若算上少数民族和某些地方的饮茶习俗——民俗茶艺，则当代茶艺可分为六类。民俗茶艺的情况特殊，方法不一，多属调饮，实难作为一类，这里姑且将其单列。

下面介绍一些与茶艺与茶道相关的概念。

茶艺：品行的修炼。

茶艺之本（纯）：茶性之纯正，茶主之纯心，化茶友之纯净。

茶艺之韵（雅）：沏茶之细致，协作之优美，茶局之典雅，展茶艺之神韵。

茶艺之德（礼）：感恩于自然，敬重于茶农，诚待于茶客，联茶友之情谊。

茶艺之道（和）：人与人之和睦，人与茶、人与自然之和谐，心灵之和谐。

茶艺传达的是：纯、雅、礼、和的茶道精神理念。

茶艺传播的是：人与自然的交融；启发人们走向更高层次的生活境界。

二、中国茶道与日本茶道

日本也崇尚茶道，中国茶道与日本茶道主要有以下几点明显的区别。

（1）中国茶道与日本茶道内涵不同。中国茶文化以儒家思想为核心，融儒、释、道三家为一体，从而使中国茶文化内容非常丰富，从哪个层次、哪个方面讲都可以作出鸿篇大论来。日本茶道则主要反映了中国禅宗思想（茶禅一味），当然也融进了日本国民的精神和思想意识。中国人"以茶利礼仁""以茶表敬意""以茶可行道""以茶可雅志"这四条都是通过饮茶来贯彻儒家的礼、义、仁、德等道德观念以及中庸和谐的精神。日本茶道的"和、清、静寂"公开申明的"茶禅一味"，吸收了中国茶文化思想的部分内容，它规劝人们要和平共处、互敬互爱、廉洁朴实、修身养性。这也无处不体现着中国茶道"廉、美、和、静"之精神。

（2）中国茶道与日本茶道仪式的区别。日本茶道程式严谨，强调古朴、清寂之美；中国茶文化更崇尚自然美、随和美。日本茶道主要源于佛道禅宗，提倡空寂之中求得心物如一的清静之美是顺理成章的，但它的"四规""七则"似乎过于拘重形式，打躬静坐，世人是很少能感受到畅快自然的。中国茶文化最初由饮茶上升为精神活动，与道家追求静清无为的神仙世界还有着渊源关系，作为艺术层面的中国茶文化强调自然美学精神更成了一种传统。但是中国茶道没有仪式可循，往往也就"道而无道"了，这也影响了茶文化精髓的发挥和传播，所以一说茶道往往首推日本。

（3）中国茶道和日本茶道对象的区别。中国茶道文化包含各个层次的文化，日本茶道尚未具备全民文化的内容。中国茶文化自宋代深入市民阶层，其最突出的代表是大小城镇广泛兴起的茶楼、茶馆、茶亭、茶室。在这种场合，士、农、工、商都把饮茶作为友人欢会、人际交往的手段，成为生活本身的内容，民间不同地区更有极为丰富的"茶民俗"。日本人崇尚茶道，有许多著名的茶道世家，茶道在民众中也有很大影响，但其社会性、民众性尚未达到广泛深入的层面，也就是说，中国的茶道更具有民众性，日本的茶道更具有典型性。

日本茶道与中国茶道的渊源。

自唐代至明代，日本来中国学习佛教的留学僧一代接一代，各时期的留学僧把中国每个历史时期的饮茶方式都介绍至日本，从而使中国每个历史时期的饮茶文化都不同程度地影响到日本。

对应日本茶道集大成者千利休时期，当时约为中国明代中期，而明初朱权《茶谱》的刊行及朱权茶道思想、茶道形式与内容与日本茶道有着必然的因果关系。日本茶道是日本禅师千利休于16世纪中后期所设，以"和、敬、清、寂"作为茶道"四规"，以里千家、表千家、武者小路千家三个流派影响较大。流传400多年后，日本茶道与朱权茶道相比，表演形式、内容略有变化，但主体仍沿袭了朱权茶道，如茶道的思想内容、所使用的茶叶、茶器、茶具、环境等仍大体相类似，有的甚至完全相同。

从时间上观察，朱权的《茶谱》约在1440年刊行，而千利休（1522—1591年）成为日本集大成者，无疑得益于中国明代的典型茶道——朱权茶道。

日本茶道与朱权茶道的最大区别在于日本茶道是完全东洋化的茶道，而朱权茶道则是兼具儒、释、道思想内容的中国传统文化的一种反映方式，日本茶道是吸收外来文化，并使外来文化与日本传统文化相结合，成为日本特色的茶道文化。日本茶道比较突出的表现是茶道艺术的高度深化与细微化，给予茶道活动的广泛领域以艺术化，如日本茶道中"一期一会""独坐观念"的思想，体现了日本的文化特点。

思想解放引导着文化的多样性，传播至日本的中国茶道在日本发展400余年后，在中国赴日修学人员和日本茶道界的介绍、宣传与推广下，以其所蕴含更广泛文化内涵的面貌出现在它的故乡，实现了唐代常伯熊"广润色之"的茶道思想。

三、中国古代茶道

（一）唐朝茶道

唐代茶道历经东晋到南北朝的饮茶文化积淀，大唐政治、经济、文化的高度发展与社会安定，为唐代各种茶道类型的形成奠定了丰厚的物质和文化基础。根据对茶道活动的目的、特点及茶道思想的分析，唐代茶道类型可分为以释皎然和卢仝为代表的修行类茶道、以陆羽为代表的茶艺类茶道、以常伯熊为代表的风雅类茶道三种。唐代陆羽（733—804年）在总结前人经验基础上，结合自身的亲身实践，著述了世界上第一部系统阐述茶的著作——《茶经》，这使他成为中国茶叶历史上最有影响的茶艺类茶道家。

陆羽在《茶经》中十分详尽地阐述了唐代饮茶方式的主流，对茶的采摘、制作、饮用进行了细化，其煎茶方法为：炙茶、储茶、碾茶、罗茶、择水、烹水煎茶（一沸调盐叶，二沸时出一瓢水、环激汤心、量茶末投于汤心，待汤沸如奔涛，育华）、分茶至各茶碗，使沫饽均分。

唐代与南北朝时期饮茶的不同，表现在由汤活改为煎茶，调味料由葱、姜改变为少量盐，以及对影响茶汤品质各方面因素认识的进一步深化与细化。如当时的人开始认识到不同水质对茶汤质量影响，不同沸水程度对茶汤质量的影响，不同产地茶碗对茶汤汤色的影响等，这些均体现了陆羽穷究天地奥秘的执着追求精神。陆羽对茶学、茶事各方面的深入探索与宣传，为茶艺类茶道和风雅类茶道的形成奠定了坚实的科学基础，并使它们具有了科学性与合理性。

（二）宋代茶道

宋代茶道在唐代茶道的基础上继续发展深化，并形成了特有的文化品位，宋代茶道与唐代茶道一起，共同构成了茶文化史上一段灿烂的篇章。

宋代茶学与唐代茶学相比，在深度上多有建树。由于茶业的南移，贡茶以建安北苑为最，所以不少茶学研究者在研究重心上也倾向于建茶，特别是对北苑贡茶的研究，在学术专题上形成了强烈的时代和地域色彩。这些研究以著作的形式流传下来后，为当今宋代茶史、茶文化的研究，提供了翔实的资料。在宋代茶学著作中，比较著名的有叶清臣的《述煮茶小品》、蔡襄的《茶录》、宋子安的《东溪试茶录》、沈括的《本朝茶法》、赵佶的《大观茶论》等。在宋代茶学作者中，有作为一国之主的宋徽宗赵佶，有朝廷大臣和文学家丁谓、蔡襄，有著名的自然科学家沈括，更有乡儒、进士，乃至至今都不知其真实姓名的隐士"审安老人"。从这些作者的身份来看，宋代茶学研究的人才和研究层次都很丰富，在研究内容上包括茶叶产地的比较、烹茶技艺、茶叶形制、原料与成茶的关系、饮茶器具、斗茶过程及欣赏、茶叶质量检评、北苑贡茶名实等。

宋代茶学由于比较专注于建茶，所以在深度上、系统性上与唐代相比都有新的发展。

宫廷皇室的大力倡导促进了宋代茶道的发展，因此宋代茶道在很大程度上受到宫廷皇室的影响，无论文化特色，或是文化形式，都或多或少地带上了一种贵族色彩。与此同时，茶文化在高雅的范畴内，得到了更为丰满的发展。封建礼制对贡茶讲究精益求精，进而引发出各种饮茶用茶方式。宋代贡茶自蔡襄任福建转运使后通过精工改制，在形式和品质上有了更进一步的发展，号称"小龙团饼茶"。欧阳修称这种茶"其价值金二两，然金可有，而茶不可得"。宋仁宗最推荐这种小龙团，倍加珍惜，即使是宰相近臣，也不随便赐赠，只有每年在南郊大礼祭天地时，中枢密院各四位大臣才有幸共同分到一团，而这些大臣往往自己舍不得品饮，专门用来孝敬父母或转赠好友。这种茶在赐予大臣前，先由宫女用金箔剪成龙凤、花草图案贴在上面，称为"绣茶"。

宋代是历史上茶饮活动最活跃的时代，在以贡茶一路衍生出来的有"绣茶""斗茶"；作为文人自娱自乐的有"分茶"；民间的茶楼、饭馆中的饮茶方式更是丰富多彩。

宋代民间饮茶最典型的地方是在南宋时期的临安（今杭州）。南宋建都临安之时，由于南北饮茶文化的交流融合，以此为中心的茶馆文化崭露头角。现在的茶馆在南宋时被称为茶肆，据吴自牧《梦粱录》卷十六中记载：临安茶肆在格调上模仿汴京城中的茶酒肆布置，茶肆张挂名人书画、陈列花架、插上四季鲜花；一年四季卖奇茶异汤，冬月卖七宝擂茶、馓子、葱茶……到晚上，还推出流动的车铺，做应游客的点茶之需。当时的临安城，茶饮买卖昼夜不绝，即使是隆冬大雪，三更之后也还有人来提瓶买茶。

杭城茶肆分成很多层次，以适应不同的消费者。大致来说，很多茶楼都是富家子弟、各司下班的官吏等人聚会的地方，他们在这里学习乐器，练习演唱曲子赚钱之类的技艺，这种活动被称为"挂牌儿"。所谓的人情茶肆，并不是以烹煮茶水为主要业务，只是以此为由赚取赏钱。另外，还有一些茶肆专门是底层劳动者的聚集场所，同时也有各行各业的人来这里找工作或展示才艺，行会的老大也会聚集在这里，这样的地方被称为"市头"。

"绣茶"的艺术是宫廷内的秘玩。据南宋周密的《乾淳风时记》中记载，在每年仲春上旬，北苑所贡的第一纲茶就到了宫中，这种茶的包装很精美，都是用雀舌水芽所造，据说一只可冲泡几盏，大概是太珍贵的缘故，一般舍不得饮用，于是一种只供观赏的玩茶艺术就产生了，就是"绣茶"。这种"绣茶"方法，据周密记载为："禁中大庆会，则用大镀金，以五色韵果簇钉龙凤，谓之绣茶，不过悦目。亦有专其工者，外人罕见。"

另一种称为"漏影春"的玩茶艺术，是先观赏、后品尝。"漏影春"的玩法大约出现于五代或唐末，到宋代时，已作为一种较为时髦的茶饮方式。宋代陶谷《清异录》中比较详细地记录了这种做法："漏影春法，用镂纸贴盏，糁茶而去纸，伪为花身。别以荔肉为叶，松实、鸭脚之类珍物为蕊，沸汤点搅。""绣茶"和"漏影春"是以干茶为主的造型艺术，而"斗茶"和"分茶"则是一种茶叶冲泡艺术。

"斗茶"是一种茶叶品质相互比较的方法，有着极强的功利性，它最早是用于贡茶的选送和市场价格等级的竞争。一个"斗"字，已经概括了这种活动的激烈程度，因而"斗茶"也被称为"茗战"。如果说"斗茶"有浓厚的功利色彩的话，那么"分茶"就有一种淡雅的文人气息。"分茶"亦称"茶百戏""汤戏"，善于分茶之人，可以利用茶碗中的水脉，创造许多善于变化的书画来，从这些碗中图案里，观赏者和创作者能得到许多美的享受。

（三）元代茶道

元代统治者在统一过程中有不少伤农行为，但他们也推行过一些有利于农业生产的措施，如由元代官府编印《农桑辑要》等。在元朝出版的《农书》和《农桑辑要》中，把茶树栽培和茶叶制造作为重要内容来介绍，这表明元朝统治者对茶业还是支持和倡导的。元代茶饮中，除了民间的散茶继续发展，贡茶仍然沿用团饼之外，在烹煮和调料方面有了新的方式，这是游牧民族的生活方式和中原人民的生活方式相互影响的结果。在茶叶饮用时，特别是在朝廷的日常饮用中，茶叶添加辅料似乎已经相当普遍。元代忽思慧在《饮膳正要》中集中地记述了当时的各种茶饮。与加料茶饮相比，汉族文人们的清饮仍然占有相当大的比例，在饮茶方式上仍然钟情于茶的本色本味，钟情于古鼎清泉，钟情于幽雅的环境。

如赵孟頫虽仕官元朝，但他画的《斗茶图》中仍然是一派宋朝时的景象，他的许多诗句依然一派清新："夜深万籁寂无闻，晓看平阶展素菌。茗碗纵寒终有韵，梅花虽冷自知春……"元代的文人们，在茶文化的发展历程中仍然具有突出的贡献。比如，耶律楚材的一首诗十分明白地唱出了自己的饮茶审美观："积年不啜建溪茶，心窍黄尘塞五车。碧玉瓯中思雪浪，黄金碾畔忆雷芽。卢仝七碗诗难得，谂老三瓯梦亦赊。敢乞君侯分数饼，暂教清兴绕烟霞"。

（四）明代茶道

明代的茶风更加繁盛，其原因有三点。第一，明初首都南京所处的江南一带一向就是盛产茗茶的地方；注重科举的政策使得文士的地位在四民之中居于首位，而文士一向视茶道与琴、棋、诗、画一样为必备的素质。第二，朱元璋本是穷苦人出身，因此对茶课税很轻，由于利厚，民间种植茶树的积极性很高，茶商也很乐于贩运茶叶。明代《农政全书》有这样的记载："种之则利薄，饮之则神清，上而王公贵人之所尚，下而小夫贱隶之所不可阙。诚民生日用之所资，国家课利之所助。"明代茶饮之盛可见一斑。第三，明代延续宋代的政策，以茶来怀柔四方，即"采山之利，易充厩之良"的"以茶易马"政策性贸易，这也是明代对于茶重视的一个原因。

明代，在重科举政策的影响下，文风大盛，崇尚风雅的文士在吟风弄月之时，常常以品茶助兴，当时的名士袁宏道在他《袁中郎全集》中说道："茗赏者上也，潭赏者次也，酒赏者下也。"有人曾经问他："公今解官亦有何愿？"他回答说："愿得惠山为汤沐，益以顾渚、天池、虎丘、罗芥（以上皆茶名），如陆（羽）蔡（襄）诸公者供事其中……"袁宏道所言反映了当时文士和茶的关系。而当时的著名画家也多有以"茶事"为题之作，如文徵明之《烹茶图》，沈周之《醉茗图》《虎丘对茶坐圈》，仇英之《松亭试泉图》，唐寅之《品茶图》等。明代的茶书著作有四十余册之多，许次纾的《茶疏》是其中的代表。明代的茶肆经营较为普遍，民间品茶的活动，从户内发展到户外，并不时有"点茶""斗茶"盛会举行，大家相互较量技术高下的风尚大为盛行。

明代，在制茶工艺上发明了"炒青法"。在炒青法发明之前，茶叶的制作采用的是"自然发酵"，而炒青法发明之后才逐渐有了绿茶及红茶的制造。

由于制成的茶已经逐渐从团茶演变成散茶,因此明代对唐宋时期的茶法有所增删,主要是从原来的煮茶演变成了泡茶,程序因此被缩减;不过,当时在普遍采用"泡茶"方法的同时,"煮茶"法并未消失而仍有沿袭,只不过在器具和过程上更加简便罢了。

明代兴起的饮茶冲瀹法,是基于散茶而兴起的。散茶容易冲泡,冲饮方便,而且芽叶完整,大大增强了饮茶时的观赏效果。明代人在饮茶中,已经有意识地追求一种自然美和环境美。明人饮茶的艺术性还表现在追求饮茶环境美,这种环境包括饮茶者的人数和自然环境。当时对饮茶的人数有"一人得神,二人得趣,三人得味,七八人是名施茶"之说;对于自然环境,则最好在清静的山林、简朴的柴房、清溪、松涛,无喧闹嘈杂之声。

明代散茶的兴起,引起了冲泡法的改变,原来唐宋模式的茶具也不再适用了,茶壶被更广泛地应用于百姓茶饮生活中,茶盏也由黑釉瓷变成了白瓷和青瓷,为了更好地衬托茶的色彩。除白瓷和青瓷外,明代最为突出的茶具是宜兴的紫砂壶。紫砂茶具不仅因为瀹饮法而兴盛,其形制和材质更迎合了当时社会所追求的平淡、端庄、质朴、自然、温厚、娴雅等的精神需要。紫砂壶的制造出现了许多名家,如时大彬、陈远鸣等,并形成了一定的流派,最终形成了一门独立的艺术。因而说,紫砂艺术的兴起,也是明代茶叶文化的一个丰硕果实。

(五)清代茶道

清时期品茶方式的更新和发展,突出表现在对饮茶艺术性的追求。

清代以来,在我国南方的广东、福建等地盛行工夫茶,工夫茶的兴盛也带动了专门的饮茶器具,如铫,其是煎水用的水壶,以粤东白泥铫为主,小口瓷腹;茶炉,由细白泥制成,截筒形,高一尺二三寸;茶壶,以紫砂陶为佳,其形圆体扁腹,努嘴曲柄大者可以受水半斤,茶盏、茶盘多为青花瓷或白瓷,茶盏小如核桃,薄如蛋壳,甚为精美。

茶馆普及于明清之际,特别是清代,中国的茶馆作为一种平民式的饮茶场所,如雨后春笋,发展很迅速。清代是我国茶馆的鼎盛时期,据记载,仅北京有名的茶馆已达30多座,清末,上海更多,达到66家。乡镇茶馆的发展也不亚于大城市,如江苏、浙江一带,有的全镇居民只有数千家,而茶馆可以达到百余家之多。茶馆是中国茶文化中的一个很引人注目的内容,清代茶馆的经营和功能特色有以下几种：饮茶场所，点心饮食兼饮茶，听书场所。除了上面几种情况外，茶馆有时还兼赌博场所，尤其是江南集镇上，这种现象很多。再者，茶馆有时也充当"纠纷裁判场所"。有一种习俗叫"吃讲茶"，是邻里乡间发生了各种纠纷后，双方常常邀上主持公道的长者或中间人，至茶馆去评理以求圆满解决；如调解不成，也会有碗盏横飞，大打出手的时候，茶馆也会因此而面目全非。

四、茶道用具及茶叶术语

（一）茶道用具

1. 茶道之茶器

茶则：由茶罐中取茶置入茶壶的用具。

茶匙：将茶叶由茶则拨入茶壶的器具。

茶漏（斗）：放于壶口上导茶入壶，防止茶叶散落壶外。

茶荷：属多功能器具，除兼有前三者作用外，还可视茶形、断多寡、闻干香。

茶擂：用于将茶荷中的长条形茶叶压断，方便投入壶中。

茶仓：分装茶叶的小茶罐。

2. 茶道之整理茶器

茶夹：将茶渣从壶中、杯中夹出；洗杯时可夹杯防手被烫。

茶匙：用以置茶、挖茶渣。

茶针：用于通壶内网。

茶桨（簪）：撇去茶沫的用具，尖端用于通壶嘴。

茶刀：取、倒茶叶。

3. 分茶器

茶海（茶盅、母杯、公道杯）：茶壶中的茶汤泡好后可倒入茶海，然后依人数多寡平均分配；而人数少时则倒出茶水可避免因浸泡太久而产生苦涩味。茶海上放滤网可滤去倒茶时随之流出的茶渣。

4. 品茗器

茶杯（品茗杯）：用于品啜茶汤。

闻香杯：借以保留茶香用来嗅闻鉴别。

杯托：承放茶杯的小托盘，可避免茶汤烫手，也起美观作用。

5．涤洁器

茶盘：用以盛放茶杯或其他茶具的盘子。

茶船（茶池、茶洗、壶承）：盛放茶壶的器具，也用于盛接溢水及淋壶茶汤，是养壶的必需器具。

渣方：用以盛装茶渣。

水方（茶盂、水盂）：用于盛接弃置茶水。

涤方：用于放置用过后待洗的杯、盘。

茶巾：主要用于干壶，可将茶壶、茶海底部残留的杂水擦干；其次用于抹净桌面水滴。

容则：摆放茶则、茶匙、茶夹等器具的容器。

6．茶道之配件

煮水器：种类繁多，主要有炭炉（潮汕炉）＋玉书碾、酒精炉＋玻璃水壶、电热水壶、电磁炉等。选用要点为茶具配套和谐、煮水无异味。

壶垫：纺织品，用于隔开壶与茶船，避免因碰撞而发出响声影响气氛。

盖置：用来放置茶壶盖、水壶盖的小盘（一般以茶托代替）。

奉茶盘：奉茶用的托盘。

茶拂：置茶后用于拂去茶荷中的残存茶末。

温度计：用来判断水温。

茶巾盘：用以放置茶巾、茶拂、温度计等。

香炉：喝茶焚香可增茶趣。

（二）茶叶术语

显毫：茸毛含量特别多。

匀净：匀整，不含茶梗及其他夹杂物。

紧实：松紧适中，身骨较重实。

肥壮：芽叶肥嫩身骨重。

清澈：清净，透明，光亮，无沉淀物。

鲜艳：鲜明艳丽，清澈明亮。

深：茶汤颜色深。

浅：茶汤色浅似水。

明亮：茶汤清净透明。

浑浊：茶汤中有大量悬浮物，透明度差。

沉淀物：茶汤中沉于碗底的物质。

高香：茶香高而持久。

纯正：茶香不高不低，纯净正常。

平正：较低，但无异杂气。

钝浊：滞钝不爽。

青味：似青草或青叶之气味。炒（蒸）青不足或发酵不足，均带青味。

高火：微带烤黄的锅巴或焦糖气。

陈气：茶叶陈化的气息。

回甘：回味较佳，略有甜感。

浓厚：茶汤味厚，刺激性强。

醇厚：爽适甘厚，有刺激性。

浓醇：浓爽适口，回味甘醇，刺激性比浓厚弱而比醇厚强。

醇正：清爽正常，略带甜。

醇和：醇而平和，带甜，刺激性比醇正弱而比平和强。

平和：茶味正常，刺激性弱。

淡薄：入口稍有茶味，以后就淡而无味。

涩：茶汤入口后，有麻嘴厚舌的感觉。

青涩：涩而带有生青味。

苦：入口即有苦味，后味更苦。

熟味：茶汤入口不爽，带有蒸熟或焖熟味。

霸气：指的是茶的茶气足，苦涩虽重但回甘和生津也快。

肥厚：芽头肥壮，叶肉肥厚，叶脉不露。

开展：叶张展开，叶质柔软。

鲜亮：鲜艳明亮。

暗杂：叶色暗沉，老嫩不一。

焦斑：叶张边缘、叶面或叶背有局部黑色或黄色烧伤斑痕。

乔木型茶树：有明显的主干，分枝部位高，通常树高在三五米以上。

灌木型茶树：没有明显主干，分枝较密，多近地面处，树冠短小，通常为

1.5～3米。

半乔木型茶树：在树高和分枝上都介于乔木型茶树与灌木型茶树之间。

内飞：压在茶饼正面内的那张小纸，一般印有生产厂家及生产厂家徽记。

内票：包在茶饼绵纸内的大一点的那张纸，一般印有该茶的介绍、生产厂家。

支飞：普洱茶饼一般7饼包为一筒，12筒包为一篮，称为一支，每支外面印有唛号、重量、生产厂家、出厂日期的那张纸。

明前茶：在清明前采摘的春茶。

雨前茶：在谷雨前采摘的春茶。

山头：出产茶的产地（山）。比如说，某茶是班章的，或者易武的，或者景迈的，等等，这些都是指茶叶原料的出产山头。

茶头：在渥堆的过程中，因为果胶含量比较多，所以凝在一起的茶。（不是所有的茶头都好喝）茶头很耐泡，泡个30来泡没问题。一般来说，茶头最好是煮，可以把果胶慢慢地煮开来。

撒面：简单来讲就是为使茶饼、茶砖、沱等的卖相更漂亮而在表面上撒上一层等级较高的茶叶原料，一般除了散茶，只要制成形的普洱茶多半都有撒面。如果内部是8级料，撒面是6级料，那这饼茶的平均料就是7级了（不过有撒面不代表茶不好）。

紫芽茶：紫芽茶是由于叶片长时间受紫外线照射，花青素含量过高产生的变异，芽叶一般呈紫色。

一口料：是指茶饼的原料不分面、心、底料，里外一致，但要说明的是一口料不一定是纯料。

茶膏：以前是进贡给皇帝喝的，最古老的制作方法就是一直熬煮茶叶，然后再加入特定的物质使茶凝固成膏状，饮用时从茶膏上刮下少许，然后用热水化开即可。

第三节 茶冲泡的艺术雅韵

一、茶艺礼仪

孔子曰:"不学礼,无以立。"举止端庄、进退有礼、文质彬彬,代表了一个人内在的尊严与修养。一个人的仪容仪态是其修养和文明程度的表现。身体的姿态和举止是表达内心世界的一个重要窗口,它比口头语言的作用更深刻、更亲切、更有说服力。茶艺师在日常工作和服务中,通过端庄的仪态来传达茶艺的精神,因此仪态及服务礼仪的学习和训练对茶艺师而言是非常重要的。要养成优雅的姿态,除了要提高自身内在修养,还要在日常生活中对行为举止进行训练。

(一)坐姿

在坐下前,首先检查一下茶桌、茶具的清洁度、完整性,并检查茶桌与椅子的距离。端坐在椅子上,不能坐满椅面,一般坐2/3的面积。上身与椅面成90°,大腿和小腿成90°,上身直立,两肩平直,颈直,抬头,平视前方,下巴稍敛,目光柔和,表情自然。女性双腿并拢,男性两腿与肩同宽;女性两手交叉放在腿上或茶桌的茶巾位置,男性两手半握拳放于腿上或茶桌上。在沏茶时,尽量保持身体的端正,不能在持壶、倒茶、冲水时不知不觉把两臂、肩膀、头抬得太高,不能整体歪向一边,还要切忌两腿分开或跷二郎腿、双手不停搓动或交叉放于胸前,还有弯腰、弓背及低头等不雅举止。泡茶时,全身肢体与心情都要放轻松,这样泡茶的动作才会产生行云流水、气韵生动的感觉。

(二)站姿

头正、颈直,身体直立,下颌微收,眼睛平视前方,双肩放松,立腰收臀。女性双脚并拢,也可以站"丁字位",双手虎口交叉,放在小腹位置,为

"前腹式";男性在站立时双脚要分开,但不宜分开过宽也不要过窄,与肩同宽即可,身体后背立直,眼睛平视前方,双肩下沉放松,将两手交叉放于前腹。另一种站姿是双手叠于胸前称为"交流式",一般情况下,两臂自然下垂,双手手掌放松紧贴大腿两侧,使用较多的手则于手掌内凹微屈。训练站姿可以用头上顶书、双人背靠背、背靠墙等方法练习。

(三)走姿

走姿是站姿的动态延续。女性行走时移动双腿,走一条直线,保持平衡,双肩放松,下颌微收,两眼平视,身直,头正,两臂自然摆动;男性行走时双臂在身体两侧自由摆动,幅度比女性略大。向右或向左转身时,将左脚或右脚侧后移向右方或左方,表现出亲切自然的状态。若几个人一起转身,必须都踩到同一点后再转。奉茶时在客人面前为侧身状态,要转身服务。服务完成离开时,应先退后两步,再转身离开,以示对客人的尊敬。走姿中对转身的要求尤为仔细、严格。

(四)鞠躬礼

鞠躬礼可分为真、行、草三种。这三种鞠躬礼分别用于三种不同的场合,"真礼"是在主客之间见面时行的鞠躬礼,"行礼"是客人之间见面问好时鞠躬致意,"草礼"则是茶艺师在进行冲泡或向客人问候前行的礼。也可以按角度来分30°鞠躬、45°鞠躬、90°鞠躬,30°鞠躬表示欢迎和问候,45°鞠躬表示深深的谢意和道歉,90°鞠躬是行大礼。

"真礼"是在站姿的基础上,将两手渐渐分开,沿两大腿下滑,手指尖触至膝盖,上半身头、颈、背、腰在一条直线上下折,与腿呈近90°,略作停顿,表示真诚的敬意,然后起身,恢复原来的站姿。鞠躬时呼吸要匀称,行礼时速度适中,不要太快,也不要太慢。"行礼"和"草礼"的要领与"真礼"一致,只是鞠躬的角度不一样,"行礼"是45°,"草礼"30°即可。

(五)示意礼

伸掌礼是示意礼的代表,是茶艺表演中用得最多的礼节。伸掌礼表示的意思是"请"或者"谢谢"。在行伸掌礼时,手掌的姿势是将大拇指稍微离开其余四指,使虎口呈分开的状态,其余四指自然并拢,手心要向内凹形成小气团的形状，手掌伸向敬奉的茶杯旁。行礼时，欠身点头，微笑伸掌，动作讲究一气呵成。

（六）奉茶礼

奉茶礼是将泡好的茶端到客人面前以供品饮。端杯奉茶体现出对茶汤和客人的尊敬，是茶艺作品的最后呈现，这个步骤很关键。奉茶礼能够体现茶艺精神和规则要求。因为有茶汤要呈现，所以要注意的是，茶汤要安全地递送给客人。而主宾之间礼节的完美，也是情感交流的关键。在奉茶时要注意的事项有以下几点。

首先是距离，不要太近，也不要太远。以客人端杯时手臂弯曲的角度为准，小于90°则太近，手臂要伸直才能拿到杯子则太远了。其次是高度，茶盘太高或太低，都不合适，以客人能45°俯视看到杯中的茶汤为适宜。再次，奉茶时茶盘要端稳，给人以安全感。如果客人才端到杯子，茶艺师就急着要离开，若客人尚未拿稳或想调整一下手势，就容易打翻杯子。最后，奉茶时要考虑客人拿杯子是否方便。一般人都习惯使用右手，所以奉茶时最好放在客人右手边。如果有客人是惯用左手的，则反之。用水壶给客人加茶添水，要从侧面添加；需要取出杯子添加；用左手持壶，右手取杯添加。反之，手臂穿过客人面前，或太靠近客人，都会给人不舒服的感觉。

总之，在奉茶时，先行礼，再走近奉茶，奉完先退后半步，再行伸掌礼表示"请喝茶"。奉茶时还要注意着装，要将头发盘起或束紧，不浓妆艳抹，不喷洒香水，尤其要注意在奉茶时，不要妨碍到旁边的客人。

二、茶艺动作

茶艺展示中的每一个步骤，冲泡时每拿一件器具都有严格的规范，主要是手的动作。首先是归位，所有的冲泡器具都有规定的位置，要严格按照规定要求摆放，冲泡时才能得心应手。其次是规范，冲泡时动作要符合要求，表述准确，认真严谨地完成所有程序。最后是恭敬，对客人态度要恭敬，对茶也要有恭敬虔诚之心。另外，手的动作还表现了不同茶艺流派的特征。有的是兰花指，有的是并指，所体现出的分别是活泼与端庄两种不同风格。有的流派提出：用左手持水壶，用右手持茶壶，这样能使身体均衡。而另外的流派认为，

普洱茶艺术

冲泡时要以右手为主、左手相辅，有侧重点，这才是均衡。无论左手还是右手都涉及手的动作习惯性，并且直接影响茶具的摆放位置。因此，茶艺师在开始学习时，要确定方向和方法，形成适合自己的习惯。到学养和技能都非常熟练时，也可以尝试不同流派的冲泡方法。本节内容统一都是讲右手原则，即沏茶时以右手为主、左手辅助，泡茶的器具方向均朝左。

（一）操作时，茶艺师动作的规范要求

手型舒展，呼吸匀称，动作流畅且具有节奏感。手拿茶具做动作时，手要有掌控，不能颤抖；冲泡时，器具使用要轻巧无声，举重若轻。如遇突发情况，如烫手等，能有较好的忍耐力，不惊慌失措，冷静处理。动作方向明确，不犹豫，做到眼到、心到、手到，并且聚精会神。冲泡时，所有动作不破坏身体的端正姿势。达到这样的动作要求，需要茶艺师经过不断地训练，培养熟练的技巧和优雅的仪态，认真专注，精益求精。

（二）冲泡顺序、姿势、身体移动路线、冲泡方法上的要求

1. 冲泡顺序

茶艺进行的步骤是有前后顺序的，它以时间为轴。冲泡的顺序是洁具、备具、行礼、赏茶、温具、置茶、冲泡、奉茶、品茶、续杯、收具。不同的茶品、不同的茶具、不同的冲泡方法，具体步骤差异很大。正常状态下，主泡器、品饮器、高位的茶具先放，再将茶具按使用地位从高到低摆出，如水盂、茶巾等低位的尽量含蓄摆放。冲泡注水及斟茶的方向基本是按照从左到右的顺序，奉茶时则按照从右到左的顺序取拿及摆放品饮器具。在冲泡时，置茶也有不同方式，分别是上投法、中投法、下投法。上投法，是在茶具中先放置适合泡茶的水，再投入茶叶，这种投茶法适用于特别细嫩且不耐高温的好茶，如碧螺春。中投法，先在杯中倒入 1/3 的水，再将茶叶投入其中，称为"浸润"，最后再加水沏泡，这样能保持茶叶有效成分的缓慢浸出。下投法，是在杯中先放置茶叶，再加水冲泡，这种泡法适合红茶、乌龙茶、普洱茶及较酽的绿茶等，这些茶都喜好用温度较高的水来冲泡，有些黑茶还应采用煮饮的方式，用温度更高的水来冲泡。以上种种，要求茶艺师在学习冲泡方法时，要秉承兼容并蓄的学习态度，遵循自然规则，从而明确自己适合的方式。

2. 姿势

茶艺师坐、站、行、礼的每一个姿势与仪态都关系到礼仪的要求。茶艺本质上也是礼法的美好展示，是茶道高雅精神的具体呈现。茶艺中有多种行礼方式，现代较为熟悉的是鞠躬礼，古代的拱手、作揖礼在茶艺中也有呈现。茶艺礼仪要与人的真实情感和恭敬态度紧密结合起来。茶艺师要有着一颗挚爱、真诚、正直的心，才能展示出发自内心的虔诚恭敬的礼仪。茶艺师对自己身体姿势的选择和控制，也可以呈现出活泼、端庄、宁静、热情等不同风格，只是，在茶艺师的手接触到茶具、茶席的那一瞬间，茶艺师所有的气息、情感、精神都要依附在茶具上，目光要缓和，气息要平稳，要达到心技一体的境界，此时的身体姿态要顺势而动，自然真实。有的茶艺师注水冲泡，不自觉地低头或歪头去看注水情况，这就破坏了整体的韵律和画面的美感。

3. 身体移动路线

茶艺师在沏茶时的器具及身体移动的路线、距离与方向都是要按规范进行。冲泡时的路线有手的动作和身体行动路线这两个方面。路线的移动，能很好地体现茶艺的视觉感、感染力和韵律，是茶艺在空间中的艺术表达。日本茶道的路线规定是非常明确、精细的，茶道展示所处的榻榻米的包边和缝纫线成为丈量的标尺。而中国茶艺的路线规定虽没有精细的距离计算，但也会有一些规范和约定。茶艺活动是艺术活动，茶圣陆羽提出"不越矩、延展、中正"的原则，这三点要求成为茶艺师沏茶路线的规定性要求。不越矩，是指活动范围及行走路线要中规中矩，要符合生活常识和茶艺规则；延展，是在不越矩的基础上，冲泡路线尽量能延伸、舒展；中正，说的是茶艺师无论身处怎样的场所，都要尽量保持端正、守中的方位。另外，茶艺师在端盘、奉茶、行礼时，也要按照"不越矩、延展、中正"的要求行走，与客人之间要有合适的距离和方向，展示出大方、合韵的空间感。

4. 冲泡方法

现代中国人经常用的茶具主要是杯、盖碗、壶三种，根据茶具不同可分为直杯沏茶法、盖碗沏茶法、小壶沏茶法三种冲泡方法。

（1）直杯沏茶法。以"杯"为主泡器的冲泡法，最常见的是玻璃杯。玻璃杯的优点是在冲泡时不会与茶产生任何化学反应，在经过热水的浸烫之后也不会有化学成分渗入茶汤，因此用玻璃杯来泡茶，既保住了茶中原有的物质成分，又保留了茶原有的真香味，使人们能品尝到原汁原味的茶，所以其是现代茶具中使用较多的茶具。玻璃杯透明，可视度、观赏性强，且简洁、方便，能呈现茶的全部品质。由于这一特征，所以使用玻璃杯泡茶时，一般选用能在玻璃杯里充分展示形态、色泽的茶品，如龙井茶、针形茶及花草茶。而且玻璃杯敞口，散热快，不会闷伤茶汤，因此特别适合沏泡较嫩的茶品，同时可以欣赏它清雅的滋味和香气。玻璃杯在茶艺程序中能同时完成沏茶与品茶的功能，那么相应地，茶艺程序设计也要比较简洁，才能得到茶艺师的青睐。浮叶给啜饮带来困难，这是玻璃杯的最大缺陷。而且由于无盖，不能撇去浮在汤面上的叶子，给品饮带来汤叶分离的难题。

直杯沏茶法冲泡技术要领如下。

直杯沏茶法要求茶艺师具备内敛而高超的技能，以气韵生动的展示，来品味茶的真味；要求茶艺师具有较深的人文素养积淀，并在冲泡中认真体会"茶之心，人之情"；其他要素如茶席风格、色彩、茶点等也必须与茶品、冲泡方法和谐。在龙井茶直杯沏茶法中，核心的技术训练是"凤凰三点头"，这是每一位茶艺师在学习玻璃杯直杯沏茶法时要掌握的一项基本技术。"凤凰三点头"综合了茶艺多种素质要求，因此，经常由此来判断茶艺师的技艺水平。"凤凰三点头"冲泡方法是茶叶经热水浸润醒香后，茶艺师提起提梁壶或水壶，做三起三落高冲水的动作，动作有起有落、节奏分明，在三上三下的起伏之间完成沏茶过程。"凤凰三点头"冲泡中使用的握壶方法有直握法、立握法和提握法。在正式的茶艺大赛和规范的要求中，女性多采用直握法，男性一般使用立握法。直握法是手心向下，食指点梁；而立握法是握壶时要虎口向上，比较有阳刚之气；提握法只要求手掌向上即可。最值得重视的是在提起壶后，一定要注意壶的中轴线与肩膀平行。手腕与肘配合，完成三起三落，头与肩膀始终保持端正、平稳、自然的状态。在冲泡过程中，注水不能停顿，水也不可落在杯外，收水时干脆利落，无余沥。注水高度要求在七寸以上，所谓"七雨注水不泛花"。完成冲泡后，杯中水在七八成高度。在冲泡时还要注意气息控制，在冲点起落中，呼吸也随之起落，整个动作结束时再缓缓放松。"凤凰三点头"在沏茶过程中采用高冲水的方式，降低了开水的温度，使冲泡龙井茶的水温度适宜。三起三落的注水手法，使从壶中注到茶杯中的水柱的力量产生轻重缓急的不同变化，这样茶叶在水中充分浸润，还能翻腾跳跃，将茶性充分激发出来。民俗中三叩首的礼节，也在三起三落中得到展现。"凤凰三点头"动作美观，有气度、有韵律，给人以美的感受。

冲泡的基本步骤如下。

备具。在茶盘内分置茶储、茶荷、茶匙组、玻璃杯、茶巾等器具。

出具。双手端茶盘，左手手掌托茶盘，右手扶茶盘边缘，将茶盘正对茶桌中心，距茶桌边沿 1～2 拳的位置，至茶盘内茶具最高点不超过眉头，稍停顿，缓缓放下，1/3 部分放至茶桌后，两手轻轻地推进放好，再返回取汤瓶和水盂，水盂位置在身侧，左手垂直而下。

列具。出具后，将茶储、茶荷、茶匙组从茶盘移出，玻璃杯成列置于茶盘内，汤瓶放于茶盘居中位，茶巾、水盂在下位。取器具时，先拿茶匙组，后茶储，再后茶荷。

赏茶。准备工作完成，开始沏泡。先赏茶，右手取茶罐，左手揭盖，将盖取下放在汤瓶正后。左手端持茶罐于胸前，右手取出茶匙，端视茶罐，表示景仰。茶匙呈取茶，拨茶入茶荷，复原成茶匙前、茶储后的样子，各回其位。

注水。提起汤瓶，用回旋法注入玻璃杯 1/3 的水量，从左向右，左手食指和拇指持杯身下沿，其余手指托杯底，倾斜杯身，使水在杯口以下周旋，至一圈半，倾倒入水盂。

置茶。逐一从茶荷拨茶入玻璃杯，注意把握茶叶量，茶叶量有余即留在茶荷里。完成置茶后右手接过茶荷放在汤瓶的正后方。

浸润。提起汤瓶，用回旋法依次注入玻璃杯 1/4 的水量，逐一取杯，水平轻摇，茶香四溢，十分芬芳。

高冲。用"凤凰三点头"的手法依次冲点，使玻璃杯内的水至七八分满，高度一致。

奉茶。将茶杯稍稍靠拢在茶盘中，茶巾置入茶盘底边，双手从边侧握住茶盘，左手托住，继续移出，右手扶茶盘，走向品茗者。先行鞠躬礼，再前行半步，以从右而左、从下而上的顺序端起茶杯，放在适合品茗者拿取的位置，后退半步，行伸掌礼，道："请品茶！"奉茶的习惯是，端茶不行礼，行礼不端茶，要分步骤完成。

品茶。奉完最后一杯茶给品茗者后，品茗者们相互示意，开始品茶，一看、二闻、三品，在品了第一口后，向茶艺师行礼示意表示感谢，茶艺师回礼。

续水。茶水喝到 1/3 杯时须续水，用"凤凰三点头"手法，以此示礼。

收具。先收茶桌上的茶具，将茶荷、茶储、茶匙组放于茶盘左前，再收汤瓶放于茶盘右端,并用茶巾拭擦茶桌有茶水痕迹处。按照前面列具的方法反方向移出茶盘,撤场。有的水盂太大,不能放入茶盘中,可分两次,与茶巾一起取回。在茶艺结束后,用茶盘收回茶杯,向品茗者行礼表示感谢。

直杯沏茶法中蕴含的茶艺美主要从以下三个方面来欣赏。

首先,欣赏干茶。观赏茶叶形态、制作工艺及茶叶的色泽,嗅干茶中的香气,充分领略了解茶的地域特性中蕴含的天然风韵。

其次,欣赏茶舞。用玻璃杯冲泡的绿茶,可以观赏茶叶在汤中缓慢舒展、变幻的过程。经过水的高冲后,茶叶有的徐徐下沉,有的快速直线下沉,还有的辗转徘徊;经过水的浸润后,茶叶逐渐展开芽叶,有的芽叶似枪剑叶如旗,有的芽叶如细细茸毫沉浮游动在茶汤中,富有生气。茶汤中水汽夹着茶香缕缕上升,观看茶汤颜色,黄绿、乳白、淡绿多姿多彩。

最后,欣赏茶汤。赏茶汤与品茶汤结合,细细品味茶汤,缓缓咽入。茶汤经过舌中味蕾体味,将茶的真香韵味沁入五脏六腑,使人神清气爽。第一泡茶,注重茶的头开鲜味与茶香;第二泡茶,茶汤正浓,饮后齿颊留香,身心舒畅;到第三泡,茶味虽已渐淡,却回味绵长。

(2)盖碗沏茶法。盖碗由杯盖、杯托、杯碗组成,盖为天、托为地、碗为人,寓意天、地、人三才合一,因此也被称为"三才杯"。盖碗的材质一般用瓷质的,当然,紫砂材质的盖碗也是饮茶者们非常喜爱的。在瓷质的品种中常见的有青花、粉彩、珐琅彩等代表性的瓷器,其他单色釉的品种也拥有一定的消费群体。盖碗也有由玻璃、石玉、金属等材料制成的,由于现在人们冲泡名优茶时对外形的追求,玻璃材质的盖碗在当下流行起来。盖碗茶具的寓意及饮茶时表现的宇宙观,得到了饮茶者的特别喜爱。用盖碗做主泡器,有四大功能优势。一是杯身上大下小,注水方便。二是杯盖隆起,盖沿小于杯口,使茶香凝聚;另外,杯盖还可以用来撇开浮茶,既不让茶叶入口,又可让茶汤徐徐沁出;杯盖还有保温的功效。三是杯托可以防烫手,也可以防止溢水打湿衣服,因此用盖碗茶敬客更显敬意。四是盖碗使用了瓷、玻璃等材料,致密性强,不串味,不吸味,使用、清洗、保养都很方便。

由于盖碗的以上特征,选择茶叶就有了一定的要求。盖碗沏茶法适宜高香的茶,杯盖有凝聚茶香的作用,因此用来沏香气浓郁的茶非常合适。盖碗还适宜冲泡中嫩绿茶,细嫩绿茶要用玻璃杯沏泡,中嫩绿茶用瓷质盖碗沏泡更有利于茶性的发挥。盖碗还适宜泡单芽茶,芽茶的沏泡温度太高会破坏叶绿素,温度太低又使芽茶难以沏出,因此需要适宜的沏泡温度。盖碗既能使芽茶在杯中的姿态更完美、丰满、茂密,又能保持原有的茶味。盖碗还适用于仪式化的茶礼。从直杯到盖碗,因为增加了盖,主泡器更加成熟一些,所以,盖碗沏茶法经常用于具有仪式感的茶俗茶礼,能显示出庄重、浓烈的情感氛围。

盖碗介于杯和壶之间,它的兼用性更强,因此在茶艺上,也极能彰显它独特的个性。盖碗从杯底到杯沿,将光线收拢到一起,让欣赏者集中注意力赏茶。盖碗给人的感觉是精致的,它将茶艺也带进了这样的意境。

盖碗沏茶法的步骤如下。

备具。杯盖反盖在杯口。

出具。将所用茶具摆出。

列具。整理茶盘,盖碗要仔细考虑杯盖放置的位置,留出空间。

赏茶。高档细嫩茶具有赏干茶的价值,可以有此赏茶的步骤。

温杯。用刚烧开的水把杯盖、杯碗烫淋一遍,能清洁茶具和提高茶具温度。用回旋法沿翻盖注水周旋两圈,从茶匙组中取出茶针,用茶针压杯盖翻盖,左手拇指、中指、食指提盖钮,翻正杯盖。用茶巾拭擦茶针湿处,将茶针放回匙筒。右手三指扶紧杯托取杯盖,待左手拇指与食指握住杯身,无名指与中指托住杯托后,右手三指拿盖钮,手腕转动两圈半。平移至水盂上方,水从杯口流出击拂杯盖流向水盂,右手拈住杯托放置在原来位置。

置茶。可以先赏干茶,然后将茶放入杯碗里。杯碗的容量大致比玻璃杯小一点,一般正规的茶水比为1∶30。投茶量也可根据个人爱好灵活掌握,选择放置适量的茶。

浸润。用回旋法注入杯碗1/4的水量,盖上杯盖。用右手三指取杯,左手三指接杯,捏盖钮,手腕水平轻摇两圈半,此时可闻浸润香,再放回原位。

高冲。提壶,从高处往杯碗口边冲入水,使碗里茶叶在杯中沉浮,促使茶叶露香。可用"凤凰三点头"的手法冲点,注水入碗中至七八分满;也可用"高山流水"的手法冲点,提起壶拉高至离碗口七寸左右,注水入碗中至七八分满。冲完盖上杯盖,以防香气散失。

出汤。冲水后立即加盖,浸泡1～2分钟后,压住杯盖,把杯碗中的茶汤倒进公道杯中,使茶汤浓淡均匀。第一泡茶的时间最短,以后的几泡茶慢慢延长浸泡的时间。

品茶。啜饮时,先闻后看再品。揭开杯盖一侧先观赏茶汤的色泽并闻杯盖上的留香，再闻汤中氤氲上升的香气，深呼吸充分领略茶的香气，这是"鼻品"。接着将杯盖半开，观察茶上下沉浮，及徐徐展开、渗出茶汁汤色的变幻过程，这是"目品"。在品尝茶汤时，将杯盖留一点缝隙，用杯盖拨动浮在茶汤上面的茶叶，小口使茶汤顺利啜入口中，茶汤在口中舌上停留，并使味蕾充分体味茶中蕴含的滋味，在细品慢赏后徐徐咽下，边饮边赏，能令齿颊留香，喉底回甘，神清气爽，心旷神怡，这是"口品"。

续水。在茶水剩 1/3 杯时须续水。

收具。茶具回收整齐有序。

在我国民间还有一些具有浓郁地方特色的盖碗茶。

成都盖碗茶。盖碗茶是成都的特产，成都人的日常生活中都少不了盖碗茶。人们习惯早上喝盖碗茶清肺润喉，在酒后饭余喝盖碗茶消食除腻，工作疲劳时喝盖碗茶又能使人解乏提神，节庆假日里亲朋好友聚会时盖碗茶是不可或缺的饮品，甚至在消释邻里纠纷时也要喝一杯盖碗茶。成都盖碗茶，从茶具配置到服务格调都具有独特风格。茶具使用铜茶壶、锡杯托、景德镇的瓷碗，色、香、味、形俱佳，还可观赏到冲泡绝技。在茶馆中，堂倌右手握长嘴铜茶壶，左手卡住锡托垫和白瓷碗，"哗"的一声，茶垫脱手飞出，蜻蜓点水般注入一圈茶碗，无半点溅出碗外。这种冲泡盖碗茶的绝技，使人看了惊叹不已，成为一种艺术享受。

宁夏八宝盖碗茶。盖碗茶在宁夏有个特殊的名字"三泡台"，宁夏人民喜饮用盖碗茶。夏天喝一杯盖碗茶，解渴功效比吃西瓜更甚，让人舒畅无比。冬天，早起围坐于火炉旁，烤几片馍馍，吃点馓子，也要灌几盅盖碗茶。在宁夏，八宝盖碗茶老幼皆宜。宁夏的盖碗茶属调饮茶，茶叶是基础，还要加配料，配料名目繁多；茶叶的选用因季节不同而不同，夏天用茉莉花，冬天用陕青茶，当然也有用碧螺春、毛峰、毛尖、龙井等名优绿茶的；种类有冰糖窝窝茶，胃寒的人喝的红糖砖茶，需要保健喝的"八宝茶"，茶中还放白糖、红糖、红枣、核桃仁、桂圆肉、芝麻、葡萄干、枸杞等辅料。宁夏人泡盖碗茶先用滚烫的开水烫碗温杯，再放入茶叶及各种配料，冲入开水，开汤时间为 2～3 分钟。宁夏人把饮茶作为待客的佳品，走亲访友、订婚等喜庆场合均品盖碗茶。

（3）小壶沏茶法。小壶沏茶法的主泡茶具用的是紫砂壶。紫砂壶主产地在江苏宜兴，用紫砂陶土制成，最特殊、最有韵味的地方是壶面虽是陶土材质却隐含着若隐若现的紫光,这是紫砂壶与众不同之处,也由此其带有一种质朴高雅的美感。成品具有特殊的粒子感,在细腻的外表下,仍能看见立体的粒子,因此得名"紫砂"。紫砂质地坚细,色泽沉静,制品外部不施釉,有自然平和的美感。紫砂材质的特殊结构,使它有良好的透气性,紫砂壶还有吐纳的特性,养壶是日常之事。小壶沏茶法常用的壶有侧把壶、提梁壶、飞天壶、握把壶等。侧把壶的壶把呈耳状,是小壶沏茶法中最为常见和常用的壶型。提梁壶的壶把在壶盖上方呈飞虹状,以提梁中壶居多,主要用来沏泡红茶、普洱等茶品。飞天壶的壶把在壶身一侧上方,呈彩带状飞舞,对茶席的整体要求较高,不常见于茶艺之中。握把壶的壶把如握柄,与壶身成直角,握把小壶的使用会突出内敛含蓄的茶艺风格。

小壶沏泡乌龙茶因地区差异和茶具不同,沏泡方法也不同,如台湾工夫茶茶艺、潮州工夫茶茶艺。而以紫砂壶为主泡茶具的沏法,有壶盅双杯法、壶杯沏茶法等。

①壶盅双杯法。此沏茶法多用于乌龙茶的沏泡,从我国台湾兴起,是目前使用较多的沏泡方式。"壶盅双杯"中的壶和盅是指主泡壶和公道盅,双杯是品茗杯及闻香杯。壶盅双杯法相较一般的小壶沏茶法,增加了闻香杯和公道盅,使茶艺的程序产生了变化。因饮茶功能分解合理,过程规则突出明显,艺术观赏性强,得到了茶人的推崇。闻香杯容量与品茗杯不同,杯身较深,杯口较小,闻香杯只能用于闻香,不能用作品饮。传统工夫茶冲泡法,一是闻茶汤的香气,二是闻杯底香。闻香作为沏茶法的重要内容,壶盅双杯法专门设计了茶具来承担这一任务,是茶艺成熟完善的表现。闻香杯将茶的"香"气的特征给予了充分发挥。而公道盅,容量与主泡壶相同或比主泡壶略大,风格及材质可以与主泡壶或品茗杯一致,也有茶人用玻璃盅来展示茶汤颜色。壶盅双杯法的流程有"选茶、备席、置茶、冲茶、醒茶、斟茶、品茶"等环节,并使用了描述性、拟人化的词语来讲解茶艺冲泡的过程。

准备程序。在这一环节中要完成选茶、备席、备具、候水等内容。确定了茶叶、茶具、用水、用火、场所,洗净所有器具后,茶艺师执行以下动作:

烧水。在等候水开期间,准备其他茶具的出场与布置。将主泡壶、公道盅、品茗杯和闻香杯放置于双层茶盘上,双手均端双层茶盘的边沿,放在茶桌的纵轴上。奉茶盘上放置茶储、茶荷、茶匙组、杯托、茶巾、茶滤等辅助茶具,放置于茶桌左侧;取出茶储、茶匙组放在奉茶盘的前方,茶巾放置于烧水器的后方，茶滤置于公道盅的左侧。将茶盘上的品茗杯和闻香杯翻起，先翻起品茗杯，再翻起闻香杯。闻香杯因为较高些，不好平衡，所以后翻闻香杯才不易碰倒。赏茶，聆听水初沸声音的变化，等候。

温壶烫杯。水沸后，用热水冲茶盘上的壶、盅、杯，提升茶具的温度：左手打开壶盖，右手注水于壶中至2/3处，左手将壶盖盖上；右手拇指和中指握住壶把，注意不要堵住气孔，手腕转动两圈后提起小壶，注水入公道盅，拿起公道盅后手腕转动两圈，将水注入闻香杯；接着，从外向内相向依次拿起品茗杯，注水入品茗杯，食指、拇指握杯身、中指或无名指抵住杯底或杯足，将品茗杯转动起来。

冲茶。用高冲的手法将热水注入壶中。

醒茶。一种是高冲水注满小壶溢出片刻即为醒茶，并将溢出的水沫轻轻刮去；另一种是右手冲水、左手握盖，加满水后，立即将壶内茶汤全部倒入公道盅，在公道盅内醒茶后将茶汤分别注入闻香杯和品茗杯。

沏泡。沸水高冲入壶，盖上壶盖后，再用沸水浇淋主泡壶来提高壶温，在内外热气的夹攻下，壶面会逐渐蒸干。

斟茶，即茶汤从主泡壶到公道盅，到闻香杯，再到品茗杯的过程。左手置于公道盅上，右手执主泡壶垂直立起，将茶汤注入公道盅，手的位置要低。尽量将壶中茶汤滴干净。将公道盅的茶汤斟入闻香杯，斟茶时动作"稳、准、收"，尽量不要出现滴沥的情况。将品茗杯覆盖在闻香杯上，手掌朝上，右手食指、中指夹握闻香杯，左手接品茗杯身，两手翻转，右手收起扶持。三道茶之后香气渐淡，茶汤就可直接分斟在品茗杯了。

奉茶。留一杯给自己鉴品，再端起奉茶盘，恭敬地将茶汤奉送给客人。

品茶，即品香、品茶、品艺。右手拇指、食指握杯身，中指托杯底，端起品茗杯，赏看汤色，闻香气，品滋味，分三口啜饮。

②壶杯沏茶法。冲泡的茶若浓度太高，用腹大的壶茶汤就不会太浓，壶的材质要以紫砂为主，金属壶比紫砂壶耐热性强，也有使用。

置茶。这种泡法适合的茶是普洱茶，将普洱茶砖、茶饼撬拨开后暴露于空气中两周，再沏泡味道会更好。普洱茶置茶量按茶水比的规则要求来放置。

瀹茶。用热水冲泡来将普洱茶醒茶，可以将茶叶中的陈香味道唤醒，还能将茶叶中的杂质洗净。醒茶速度要快，将茶叶表面杂质滤去即可。茶的浓淡选择依照个人喜好来决定，烹煮的普洱茶越到后面，香味越佳，因此用此法沏泡普洱茶能将茶的真味沏泡出来。

品饮。趁热闻香,感受陈味芳香如泉涌般扑鼻而来,用心品茗,啜饮入口,始得真韵。茶汤入口略感苦涩,但舌根产生的甘津送回舌面,满口芳香,甘露生津,是为"回韵"。

壶杯沏茶法还有五种常见的冲泡方法:传统式泡法、宜兴式泡法、潮州式泡法、诏安式泡法、安溪式泡法。

传统式泡法茶具简单,泡法自由,是目前较流行的一种泡法。

备具、备茶、备水,选用的都是最简单也最普遍的装备。水壶一般用电或小煤气炉加热。泡茶人手中的器具,随泡茶增添,最省事是只有一个茶叶罐。

烫壶。热水冲入壶中至溢满,使壶温度提升。

倒水。将烫壶的水倒净,从壶口倒出。

置茶。先放一个漏斗在壶口上,然后倒入,或者为方便省事起见,用手抓茶叶也可。

冲水。将烧开的沸水倒入壶中,泡沫要满溢出壶口。烫杯,可以保持茶汤温度,还可以用烫杯时间来计量茶汤的浓度。传统式泡法中的倒茶,是使用公道杯来分茶,在茶汤从壶中倒入公道杯之后,要先沿着茶池边淋一圈,这样做是为了使茶汤口味更中和,而茶汤滋味的浓淡,要依靠茶艺师倒杯分茶的手法来控制,用公道杯倒茶不能一次将品茗杯倒满,要均匀地多次倒入才能令茶汤分配达到要求。

分茶。将公道杯中的茶汤倒入小杯,倒八分满。

奉茶。按奉茶礼的顺序依次奉给客人品饮。

还原。客人离去后,洗杯洗壶,茶具归位,以备下次再用。

宜兴式泡法是融合各地的泡法,由陆羽茶艺中心整理及研究然后提倡的一套合乎逻辑的比较流畅的新式泡法。宜兴式泡法有专用的茶具——宜兴紫砂壶,在冲泡时水温的控制和熟练运用是最值得重视的特殊要求。这种泡法较适合品级较高的包种茶、轻火类的茶;焙火重茶使用此泡法,冲泡时间必须缩短。宜兴式泡法的操作步骤如下。

赏茶。在宜兴式泡法中,茶叶入荷的方式不是一般的用手抓取,而是将茶叶罐中的茶叶直接倒入茶荷中,更加清洁卫生并具有美感。

温壶。用半壶热水将壶身温热后,将水倒入茶池。

置茶。将茶荷中的茶叶倒入壶中,茶量为茶壶的1/4。

温润泡。倒水入茶壶至满，盖上壶盖后立即将洗茶水倒掉，目的是让茶叶吸收热量和水汽，时间越短越好。

温盅。将温润泡的水倒入茶盅，温热茶盅。

沏泡。将热水冲入壶中冲泡约一分钟出汤。

淋壶。用热水在壶外身淋冲加热。

洗杯。茶杯倒放茶洗中旋转，烫热杯身后取出，置于茶盘。

干壶。用茶巾沾去壶底水滴。

倒茶。将茶壶中的茶汤倒入茶盅内。

倒杯。再将茶盅中的茶汤倒入品杯中，倒八分满。

洗壶。用水冲洗余渣，将茶渣倒入茶池。

潮州式泡法在冲泡过程中，泡茶者不说话，不受任何干扰，要求精、气、神三者俱备，讲究的是一气呵成。潮州式泡法对茶具、动作、时间、茶汤都有极严格的要求。潮州式泡法独具风味。

备茶。操作过程中泡茶者坐姿端正，镇定有气场，将用来包壶的茶巾放在右边的大腿上以备用，擦杯的茶巾则放在左边大腿上，另有两块方巾放置在冲泡茶的茶桌上。茶壶最好选用吸水性较强、能自由旋转的，茶盅要用大的，杯子依客人人数多少来定。

温壶、温盅。用沸水烫壶，水分蒸发后倒入盅内，盅内的水不倒掉。

干壶。一般高级茶用湿温润，潮州式泡法则用干温润。拿起茶壶，在右侧大腿上铺开的茶巾上轻轻拍打，水滴擦尽之后，再甩掉壶中的水，直到壶中水分完全蒸发为止。

置茶。潮州式泡法的置茶，是直接用手抓茶，这样可以判断其干燥程度，置茶量为壶的八分满。

烘茶。烘烤能使粗制的陈茶霉味消失，使茶有新鲜感，香味更加上扬，茶的滋味迅速溢出。

洗杯。烘茶时将茶盅内的水倒入杯中洗杯。

冲水。烘烤茶后，把壶提起，用右边大腿上的茶巾包住茶壶，摇动茶壶使壶内温度均匀，然后将茶壶放入池中冲水。

摇壶。这个步骤是在热水将壶冲满之后，按住茶壶的小气孔，将壶快速提起摆放在桌面刚才准备好的茶巾上，用力将壶快速剧烈地摇晃，但切记摇壶不能无目的地乱摇，要有规律和顺序，第一泡时要摇四下，第二泡时则摇三下，第三泡时摇两下，这样分别按顺序逐渐减一下，如此操作是为了使茶汤中的浸出物和茶汤的浸出量能够平均，使茶汤口味均匀。

倒茶。用茶巾按住壶孔进行摇晃后，便要立刻将壶中的茶汤倒入茶杯中，立即出汤能保持茶的香味。

诏安式泡法的特色在于用纸巾分出茶形并讲究洗杯方法，这种泡法适合泡焙火重的茶。冲泡方法如下。

用具。用具有单孔紫砂壶、壶杯、茶盘、布巾、纸巾。

备茶具。把壶放在45°斜角位置，将布巾折叠整齐，纸巾放在茶艺师冲泡的习惯位置，茶盘在壶正前方的位置。

整茶形。诏安式泡法用单孔壶冲泡，不需要过滤网。因为是用陈年茶冲泡，茶渣较多，因此需要整形。即把干茶放在纸巾上，折合好后轻抖，将粗细茶叶分开，整理好茶形后，放在桌上，请客人欣赏。

热壶热盖。诏安式泡法烫壶时，盖斜放在壶口，壶与盖一起烫。

置茶。把烫壶的水倒掉，盖放在杯上，壶身水汽干后，将茶放入壶中。置茶时，尽量将细末倒在低处，粗的干茶倒进流口，可以避免阻塞。

冲水。冲水量为泡沫满溢壶口为止。

洗杯。诏安式泡法所用茶杯极薄极轻，洗杯时要将杯子放在小盘中央，每杯中各注入1/3水，双手迅速将前面两杯水倒入后两杯中，动作要利落灵巧。泡茶的技术水平高低是通过洗杯动作来判定的。

倒茶。诏安式泡法在倒茶时要轻斟慢倒，不缓不急，倒出的第一杯茶汤留给自己，是因为第一杯含渣概率可能较大。以三泡为止，因为焙火较重的茶，三泡之后，香味就散失殆尽了。

安溪式泡法重香、重甘、重淳，适合冲泡铁观音、武夷岩茶之类的轻火茶。具体步骤如下。

用具。用具有紫砂壶、闻香杯、品茗杯、茶池、方巾等。

备茶具。茶壶的要求与潮州式泡法相同。但安溪式泡法是烘茶在先，另外再准备闻香高杯。

温壶、温杯。温壶的方法与潮州式泡法一致，温杯时内外都要烫。

置茶。置茶也与潮州式泡法一致，也是用手抓茶，茶量为半壶左右。

烘茶。安溪式泡法的烘茶时间比潮州式泡法的时间短，这是因为所冲泡的高级茶一般保存都较好。

冲水。冲水后大约五秒钟立即倒出茶汤。

倒茶。不使用茶盅倒茶,而是直接将茶汤倒入闻香杯中,倒法是第一泡倒入 1/3 茶汤,第二泡再倒入 1/3,第三泡则将茶倒满。

闻香。将品茗杯与闻香杯一起放在客人面前,客人如果没有闻香的习惯,倒换另一杯。

拌壶。倒第一泡茶汤与第二泡之间,将壶用茶布包裹,用力摇三次。每泡之间都摇三次,如果是九泡茶,总共要摇二十四次。安溪式泡法使用的杯与壶,必须是泡茶者自己挑选搭配的,用起来才能得心应手。

三、茶之器具

"水为茶之母,器为茶之父",这句话形象地说明了茶具的重要性。好茶需好器,茶具不仅是冲泡好茶的关键,也是茶文化的重要组成部分。茶具最早的记载是西汉王褒《僮约》中的"烹茶尽具",从这里可以看出,在西汉末年,茶具就已经出现并得到使用了。在中国茶文化发展的浩瀚历史长河中,茶具也随着朝代的变迁,而不断地更新、变化、进步、发展。

(一)唐茶具

唐代是我国茶文化发展历史上的鼎盛时期。唐代国力强盛,社会安定,经济繁荣,茶饮之风也随之普及繁盛。在举国盛行饮茶这样的大氛围下,人们对喝茶专用茶具的需求也日渐迫切,由此出现了专用的茶具。在唐代以前,没有专用的茶具,喝茶时所用器皿与食用、药用、饮酒的器皿是混合使用的。从唐代开始,中国茶具首次从食器、酒器中分离出来而自成一个体系,这是茶文化发展进步的标志,并为品茶文化的进一步发展打下了坚实的基础。因此,唐代对中国茶具文化的形成和发展,是功不可没的。而在唐代最早介绍茶具的,还是茶圣陆羽。

陆羽在《茶经·四之器》里,不惜笔墨,用数千字详细叙述了数量多达 28 种的整套饮茶用具,精致、详细、复杂、专业,这套纷繁复杂却又在当时风行一时的茶具,成为我们了解唐人品饮习俗和饮茶文化不可多得的材料。陆羽描述的这套茶具,按作用功能主要分为以下几类。

1. 风炉

风炉是煮茶烧水用的。《茶经》中介绍的风炉,造型别致,三足两耳,与鼎的造型相似，但比鼎要轻巧实用许多，可放置在桌上。风炉一般用铜或铁铸造，炉内还有六分厚的泥壁，用来提高炉温。风炉的炉身开了可通风的洞，炉内有三个支架，用来放煮茶的鍑，支架上铸有"巽""离""坎"等符号。陆羽设计的这个鼎型风炉因十分便于使用而大受欢迎，在唐代的上流社会阶层甚为流行。风炉是烧水用具中的主角，还有一些辅助性工具：筥，是用竹片或藤条编成的箱子，用来盛放烧水的木炭；炭挝，是长度为一尺的六角形铁棒，用来捅炭火使火烧得旺盛；火筴，就是用铁制成的火筷、火钳，用来夹烧红的木炭。

2．鍑和交床

鍑也是煮水器，与一般的煮水器有所不同的是，其形状是方耳、阔边、平底。鍑是用来煮水煎茶的主要器具，容量在四至五升，体积较小，分量较轻，便于移动，不足之处是其为釜式大口锅且无盖，这种设计对清洁卫生、保温性能及茶汤香气挥发都有所不利。

交床，是十字交叉的支架，中间剜了圆孔，放在煮水器上用来支鍑。

3．夹、纸囊、茶碾、拂抹、罗合和则

夹的长度为一尺二寸，是烤茶时为了增添茶的香气而使用的器具，多用小青竹制作而成，但竹的使用寿命较短，后来又演变到用精铁熟铜打造。

纸囊，是用来储存烤好的茶饼，使其香气不易散失的用具，用厚而白的藤纸缝制而成。

茶碾，内圆外方，是木制的，里面放一个碾轮，直径为三寸八分，中间有长九寸、宽一寸七分的轴，科学的设计使碾茶更省时省力。碾完茶后，用羽毛制成的拂抹来清扫茶碾。茶碾成细末后，还要经过罗才能变得细而匀，罗也就是罗筛，合是盒子，这两个工具都是用竹子制成的，罗过的茶放在合里收藏待用。则是一种量具，用来量茶，最早用海贝、蛎、蛤之类的壳，后来逐渐被铜、铁、竹材质的取代。

4．水方、漉水囊、瓢、竹夹和熟盂

"水为茶之母"，在《茶经·四之器》中，陆羽着重介绍了五种盛水、滤水、搅水和取水的器具，即水方、漉水囊、瓢、竹夹、熟盂。茶汤的质量与水，以及盛水、煮水的器具有着密不可分的关系。对于茶有着长期深入了解的陆羽，对泡茶的水质非常重视，他在《茶经·五之煮》里不厌其烦地对泡茶的水质和盛水、取水的用具详细地描述。从中我们可以看出他对水质的科学态度，这在今天仍然具有非常宝贵和科学的借鉴意义。

5. 鹾簋和揭

唐代以前，甚至在唐代初期，人们饮茶时常有加姜、盐等调味品的习惯，至今仍有一些地区有芝麻茶、盐茶等习俗，其就是这种品饮方式的延续。因此，在当时盛行这种品饮方式的背景下，鹾簋与揭作为盛盐和取盐的用具，在茶具中也占有不可取代的一席之地。

6. 碗和札

碗，是当时人们用来喝茶品茶的，相当于现在的品茗杯。札，是用茱萸木夹棕榈纤维捆紧而成的刷子，整体呈毛笔形状，在冲泡时可做调汤的用具。

7. 涤方、滓方和巾

涤方类似于水方，是用来盛洗茶、洗杯的废水的。滓方的使用方法和水方一样，是用来盛放冲泡后多余的茶渣的。巾即茶巾，一般有两块，用粗绸布制成，用来擦拭各种茶具。

8. 畚、具列和都篮

畚，大都用白薄草卷编而成，用来放置茶碗，容量较大，可放十只茶碗。

具列，是用竹子或木头制成的床形或架形小橱，可以用来收藏和陈列全部茶具。

都篮，用篾编制而成，用来盛放所有茶具，与具列相比，更便于携带。

陆羽设计、制作的这套完整的茶具，程序完整复杂又古朴典雅，对瓷器、竹木材料坚而耐用、雅而不侈的要求，充分体现了陆羽对茶具的要求：既要美观大方，又不能损害茶的本质特点。这套茶具在当时备受欢迎，并成为喝茶的必备用具，其美观大方、经济实用的特点，一直为后人所效仿。而唐代作为茶文化发展的鼎盛时期，瓷质茶具也开始大量生产，出现了各类窑场在全国遍地开花的繁盛局面。全国享有盛名的窑口有越窑、鼎州窑、婺州窑、岳州窑、寿州窑、洪州窑和邢州窑七处，但在产品产量和质量方面，越窑青瓷一直都是其中的佼佼者，领先于其他品种。

越窑的产地分布在今天浙江省的绍兴市上虞区、宁波市鄞州区、余姚市等地。越窑是我国古代著名的青瓷窑，以生产青瓷而闻名。由于当时陆羽的煎茶法的茶汤色泽与青瓷十分相衬，青瓷茶具在唐代盛行开来。唐代的越窑茶具主要有碗、瓯、执壶、釜、罐、盏托、茶碾等多种。

碗的造型主要有花瓣式、直腹式、弧腹式等，形状多为收颈或敞口收腹，是唐代最流行的茶具。到晚唐时，制瓷工匠们创造性地把自然界的花叶瓜果等物糅合进制作工艺，保留了植物最动人、最形象的造型，在制瓷业中使用，设计出了葵花碗、荷叶碗等形态各异的精美茶具，深受茶人们的喜爱。

瓯在中唐以后出现，是当时风靡的越窑茶具中的创新品种，从形态上来看，它是一种体积较小的茶盏。

执壶在中唐以后才崭露头角，是早期的鸡头壶改良发展而来的。执壶又名注子，这种壶大多为侈口，高颈，壶腹椭圆，浅圈足，流长嘴圆，用泥条黏合的把手在与壶嘴对称的另一端，壶身还刻有花纹或花卉及动物的图案，有的还篆刻铭文，标注了主人及烧造日期。

这些茶器在后来发掘的越窑遗址中都曾有出土。

而茶杯、盏托、茶碾等茶具，越窑中也有发现。这些瓷器在釉色、形状和彩饰上高超的制作水平，都很好地体现了当时越窑的制作工艺和烧造水准。

越窑青瓷在唐代独领风骚，深受国人喜爱。这除了因其在烧造技术方面具有高超的水平及艺术欣赏方面具有清新雅致的风格外，还与当时陆羽所推崇的饮茶方式分不开。而以素面无图案花纹为主的越窑发展到五代，其地位日益举足轻重，当时的官府垄断了越窑的大部分产品，其成为中国最早的官窑。官窑大多烧制贡品，最著名、最名贵的就是"秘色瓷"，因胎体薄，胎质细腻，造型规整，釉色青黄如湖绿色而驰名天下。

除上面介绍的越窑外，唐代还有六大著名窑口。

邢州窑，在今河北省内丘县，邢州窑以烧白瓷闻名，瓷胎薄，色泽纯洁，造型非常轻巧精美。邢州窑瓷器有以其色泽雪白而被陆羽赞誉"类银""类雪"，而"圆如月，薄强纸，洁如玉"是当时对邢州窑瓷器的普遍而形象的描述。

岳州窑，在东晋时称湘阴窑，位置在今湖南省湘阴县的窑头山、白骨塔和窑滑里一带。岳州窑的产品釉色青黄，胎骨灰白，由于陆羽赞叹它"青则益茶"而被称为第二瓷器。

鼎州窑，是宋代名窑耀州窑的前身，主要生产青瓷，还兼烧黑釉瓷器，窑址在今陕西省铜川市黄堡镇。

婺州窑，在今浙江省金华一带的兰溪、义乌、东阳、永康、武义，以及衢州市衢江区、江山市等地。初期，由于产品胎釉结合的技术较差，婺州窑瓷器容易剥落是其缺陷。其质地和器型受越窑影响较大,不同的是胎色呈深灰或紫色,釉色中有青黄或泛紫,还带有奶白色的星点。

寿州窑,制作的主要产品有碗、盏、杯、注子等,窑址在今安徽省淮南市的上窑镇、徐家圩、费郢子和李嘴子一带。寿州窑产品胎体厚重,胎质粗松,釉色以黄为主,其中著名的代表产品为"鳝鱼黄"。

洪州窑,烧制的主要产品有碗、杯、盏托、碾轮等,其中又以生产茶碾轮和盘心圈状凸起的盏托著称,位置在今江西省丰城市曲江、石滩、郭桥、同田乡一带。洪州窑的压印、刻剔、镂孔和堆贴等烧造技法非常高超,其产品是当时朝廷指定的御用贡品,釉色有青绿、黄褐和酱褐。但是其所产青瓷茶具由于瓷褐而茶色黑,因此被陆羽排在六大名窑的最后一位。

留存至今的唐代茶具中,最震撼的是1987年4月在陕西省扶风县法门寺地宫中出土的一套唐代宫廷茶具,这是我国首次发现并挖掘出来的且迄今为止最全、最高级的一套唐代专用茶具,由此我们了解了唐代宫廷茶具的真实面貌。这套金碧辉煌、奢华大气的金银、琉璃、秘色瓷茶具,是我国乃至全世界仅存于世的一套唐代宫廷茶具实物,距今已有1100余年的历史。茶具的发现,对于我们研究唐代宫廷茶具及中华茶文化的发展都有重要意义。茶具还附有明确的錾文及《物账碑》。在《物账碑》中记载着:"茶槽子碾子茶罗子匙子一副七事共八十两。"从錾文可了解到,茶具为唐懿宗咸通九年(868年)至十年(869年)制成,在镏金飞鸿纹银则、长柄久和茶罗子上还篆刻着"五哥"两字,"五哥"即唐懿宗的第五个儿子李儇,也就是后来的唐僖宗,可见,这些器物为僖宗所有,其真实性毋庸置疑。从出土的实物看,此茶具中的"七事"是指:茶碾子、茶轴、罗身、抽斗、茶罗子盖、银则和长柄久。另外,除这些精美的金银茶器外,还有部分琉璃质的茶碗和茶盏,及盐台、洁器等。这些都表明地宫中供奉的这套唐代御用茶具配套已非常完整成熟。

总而言之,唐代茶具是从简单质朴走向了繁杂精致。陆羽的《茶经》是专门茶具的开端,宫廷茶具的精致完善,使茶具朝着质地精良、制作精巧的较高层次转化,而民间的茶具在当时蓬勃发展的各地产瓷名窑的支持下异彩纷呈,陶瓷茶具逐渐成为茶具群体的主流。随着品饮方式和习惯的改变,茶具追求的凝重古朴的色彩逐渐变淡,而茶具中蕴含的多姿多彩、丰富繁盛的文化向我们展示着唐代茶文化的辉煌历史。

（二）宋茶具

宋代的饮茶风格非常精致。经过唐代民间的普及和宫廷贵族的积极参与，到了宋代，品饮文化得到了飞速发展，进入鼎盛时期。茶文化在高雅的范畴内，得到了更完善、更丰富的发展，茶也成为人们日常生活的必需品。纵观宋朝数百年的历史，整体社会经济发达、文化繁荣，但却政治腐败、军事落后，内忧外患不断，常被边关小国欺凌，北宋被灭至南宋时，甚至到了要偏安一隅才能保住平安、苟延残喘的境地。此时国人的心态，由前朝的外向型转为内省型。消极颓丧、不甘现状却又百般无奈的人们，急于宣泄内心的苦闷，将争强好胜的心理投向了品茗饮茶。在此背景之下，一种颇具特色的文化现象——斗茶应运而生了。举国上下，无论朝廷还是民间，上至帝王将相、达官显贵，下至文人墨客、平民百姓，无不以斗茶为能事，尤其在文人雅士阶层，更是自娱自乐，乐此不疲。

斗茶起源于福建，是一种茶叶冲泡艺术，也是一种茶人间切磋茶艺的游戏，其最早是比较茶叶品质高低的方法，应用于朝廷贡茶的选送和价格的竞争，所以有着浓郁的竞争色彩，也被称为"茗战"。宋人斗茶，着力点在"斗"字，人们从斗中寻找乐趣，在斗中放纵自我，发泄苦闷，平衡心理。一些士族在处理完日常行政事务的闲暇之余，也参与这种茶道文化。人们热衷斗茶并趋之若鹜的心绪，成就了宋代的奇珍异器，推动了宋代茶艺的整体发展。斗茶，把原本名不见经传的建窑茶具推到了辉煌灿烂的顶峰。宋人斗茶，有三个标准。首先，看茶面汤花的色泽及均匀度。汤花要求像白糖粥冷却后凝结成块的形状，俗称"冷粥面"；汤花必须均匀，要像粟米粒那样匀称，是为"粥面粟纹"。其次，看茶盏内沿与汤花相接之处有无水痕。汤花保持的时间长，紧贴盏沿而慢慢散退的为佳，称为"咬盏"。汤花散退，盏沿有水的痕迹，叫作"云脚涣乱"，而先出水痕的，则算斗茶失败。最后，要品茶汤。观色、闻香、品味，色、香、味俱佳，才能取得最后的胜利。宋代茶人对茶汤汤色的要求非常高，推崇纯白色为上等，青白、灰白、黄白等色为次品。为了在斗茶中便于观色，茶盏要使用黑釉茶具，因此，建盏成了当时最受推崇和欢迎的茶具。

建盏产地在建窑，位于建州，今福建省建阳区水吉镇的后井村、池中村一带。最早开始烧制是在唐末五代，早期的建窑多烧造青黄釉瓷器，品种有碗和盏等。到了北宋，建茶名声大振，斗茶盛行之后，建窑开始创烧闻名天下的茶具珍品——黑釉盏，也就是建盏，即"建黑""黑建"或"乌泥釉""乌泥建"。当时，有日本僧侣到浙江径山寺修行，归国时将中国的建盏带回，风靡整个岛国。据传，日本人对建盏尤其喜爱，不惜重金搜求被他们称为"天目碗"的建盏，并用金银缘其边，异常珍爱。

建盏的品种单一，除各式茶盏之外，器形中只有少数的高足杯和灯盏等器具。从形状来看，有敞口、敛口及盅式三种，而其中又以中型敞口、敛口及小型中盏最为常见。这些款型是建窑黑釉盏中产量最多、最常见的品种。建盏的瓷胎是乌泥色的，釉面呈条状或鹧鸪斑状，釉面上有细长似兔毫的条纹的称为"兔毫盏"；釉面有大小斑点相串，且在阳光下呈彩斑变幻的是"曜变盏"；釉面有银色如水面油滴小圆点的是"油滴盏"。建盏之所以呈现出形态各异的花纹图案，是因为产地建州的土质含铁量多，烧制过程中，铁质因胶合作用浮出黑釉表层，而冷却时又发生晶化，因而形成了极细的结晶。这种结晶呈现出紫、蓝、黄、绿等多种色彩，时时闪烁变化。在茶汤注入茶盏后，茶盏更加五彩缤纷。更为难得的是，这种花纹是在窑变中天然形成的，并非人为制造的，因而尤其珍贵。

建盏的设计制作非常符合斗茶的需要。盏底小，斜壁，下狭上宽，这样使茶汤易干而不易在盏壁留渣，茶的香味散发充分，茶汤过夜不馊。在盏口沿下有一条明显的折痕，称为"注汤线"，这条线是专门为斗茶者观察水痕而设计的。这种贴心专业的设计，方便判定斗茶的胜负，好坏一目了然，深受斗茶者喜爱。建盏的外观设计也非常具有实用性。敞口，呈翻转的斗笠形，盏口面积大，这样在注汤时，便可以容纳更多的汤花，并使汤花在短时间内不容易消退。

在建盏中，兔毫盏是首创产品，又是经典代表作，因此在宋代享有很高的声誉。宋代兔毫盏的产量较多，至今仍经常发现兔毫盏的文物或残缺瓷片，但建盏中"曜变盏"和"油滴盏"这两种是绝世精品，现在存世极少，特别是"曜变盏"，由于成品率太低，在建窑原有的窑址也还未发现，流传于世的仅有四件佳作，皆收藏于日本，理所当然地成为日本国宝级的珍贵文物。宋代建盏中，兔毫盏极受士族阶层的推崇，文豪雅士均不吝笔墨，极力赞赏。文人的大肆宣传，使建盏成为茶人竞相追捧的茶具，并随着文化交流，享誉海内外。建盏的风光盛行，也带动了当时全国整个黑釉瓷茶具的生产。江西吉安的吉州窑黑釉盏，在此影响下也受到茶人的普遍欢迎，但在烧造工艺和胎土差异上，与建盏的差距比较明显，不能相提并论。但是吉州窑黑釉盏具有的独特风格特点，又在一定程度上弥补了自身的不足。比如，吉州黑釉盏在黑釉上再施黄白色釉的烧制方法，使茶盏上呈现出玳瑁的花纹样；还有用毛笔彩绘出各式纹样，巧夺天工般用天然树叶贴在坯胎上烧成"木叶天目"茶盏等做法，都是建窑产品的技术所无法比拟的创新。

建窑在中国陶瓷发展史上的地位是不可动摇的，而以斗茶为中心的建盏，随着朝代的更迭和历史的发展，不可避免地由盛转衰。

宋代的茶具与唐代追求的自然质朴相反，走向了纷繁复杂的极端，变得非常讲究。由于受皇室的影响较大，其或多或少有着"贵族范儿"。在使用茶具时，不仅对茶具的功用、外观和造型有很高的要求，而且更看重茶具的材质，从前朝的陶土或瓷器，发展为名贵的玉、金或银，日趋奢侈。在宋朝的大量诗文中都有关于茶具的记载，说明了金银茶具在宋代的普及。而近年来，在福建出土的许峻墓中的宋代茶具，也为我们提供了难得的实物资料来印证茶具的奢华程度。生活富足，政治腐败，文化蜕变，国威颓废，都是造成宋代茶具、茶艺追求富丽豪华的重要原因。宋人自己也意识到了这一方面的问题，因此有志茶人在极力追求茶具的精巧豪华之余，也对茶器进行了一番改造。

首先，创制了茶筅，也就是竹帚。茶筅源于斗茶，是宋代留给中国茶的创新发明，用于在煎茶后、分茶前搅动茶汤，只有厚重的茶筅才能搅动茶汤，使汤花密布，那样分茶后汤花不易消散。这种毫不起眼的竹制小物，很快传入日本，并深受日本茶人的推崇喜爱，融入了日本茶道之中，直到今天。

其次，在煮水器方面有所改变。唐代风行一时的鍑在宋代已经基本消失，小巧精致的铫、瓶成为煮水用具的主流。

最后，宋代的茶瓶一般都是鼓腹细颈，单柄长嘴，不像唐代的煮水器外形臃肿庞大。这一点在宋代出土文物中已得到验证。用这种长嘴的茶瓶注水，更容易控制水流，也更利于斗茶者技艺的发挥。

宋代茶具的发展脉络，是以当时盛行的斗茶文化为中心的。从品饮艺术的角度来看，宋代比唐代更为发达，茶事十分兴旺，民间普及程度与茶艺的专业化程度都比唐代要高。但也正因为如此，宋代的茶艺走向了繁复、琐碎和奢华，也使宋人失却了恬静和清雅的心态，却更多地流于世俗，争名逐利。在表面风光、崇尚奢华文化的深刻影响下，原本具有实用性与观赏性的茶具，逐渐失去了它应有的本色功能，进而沦落为士族权贵们斗富炫技的替代品。失衡的心态，不可避免地使茶艺活动步入了误区，同时也使茶具的发展走入了歧途。但是，宋代的茶具并非一无是处：以品饮艺术推动茶具的生产和发展，创作生产了众多的茶具精品，也给我们留下丰富多彩的文化和珍贵遗产。

宋人把斗茶引入品饮艺术中，充分继承和发扬了唐人的煎茶法，并顺应时代变革发展做了较大改进，点茶就在这样的文化背景下应运而生了。这种与唐代茶道基本精神背道而驰的技艺，最大的特点就是将品茶艺术演变成了玩茶游戏。

点茶到北宋时期逐渐发展成熟。蔡襄编著的《茶录》为点茶奠定了基础。随着品饮方式的改变，唐代的煎茶法由于烦琐复杂而开始走下坡路，新兴的点茶法成了时尚。宋人对唐代煎茶法的重大改进就是煎水不煎茶。他们先将碾过的茶末放入茶盏，注入开水后调成糊状，使茶如浓膏油，称作"调膏"，随后再注入沸水煎茶，即可点茶了。点茶是斗茶技艺中最见技术功底的技艺，斗茶的成败，全在此间。点茶是在茶盏中注入开水的同时，用茶筅击打和拂动茶盏中的茶汤。宋徽宗赵佶认为，点茶的诀窍在于要全力避免"静面点"和"一发点"。"静面点"，是指茶筅击拂无力，或茶筅打得太轻巧，无法击透茶汤，不能形成泛花局面。但如果分寸把握不好，击拂过猛，茶汤还没有形成"粥面"就已消失殆尽，这样注水击拂一停，就会出现水痕，汤花不存在，这就是所谓的"一发点"。由此可见，点茶是艺术性与技巧性紧密结合的高超技艺。

北宋末年的分茶游戏，也称"茶百戏""水丹青"，是为当时文人雅士们所津津乐道、非常热衷的饮茶活动，有着谦谦君子之风和文人气息。分茶是在击拂后将盏面汤纹水脉的线条、多彩的茶汤色调、富于变化的袅袅热气，经由茶人的技艺，组合成一幅幅画面，有山水云雾，有花鸟虫鱼，有林荫草舍等。善于分茶的人，是可以根据茶碗中的水脉创作出变幻莫测的书画图案。宋徽宗赵佶就是分茶高手，在宣和二年（1120年）他在群臣面前亲自煮水煎茶，注汤击拂，妙手丹青，绘制出了一幅"疏星朗月"的图案，令在场的众臣叹为观止。皇帝与百姓们都沉湎于精彩纷呈、回味无穷的点茶、分茶与斗茶的游戏中，由此，一批具有鲜明宋朝时代特征的茶具开始登场。在整个宋代茶具发展的历史中，烹点茶器占据主流位置，数量众多，品种各异，且做工十分精致考究，非常符合斗茶的需要。在点、分、斗茶过程中所需要使用的烹点茶器主要有下以几种。

1. 茶碾

宋代较之唐代的制茶方法有所改进，饼茶中的胶质比唐代的更浓，陆羽在《茶经》中推荐的木质茶碾不适合用于宋代茶饼的碾轧。因此，宋人对茶碾进行了改造，除了质地要选用坚硬的外，造型上还要求槽深而峻，轮锐而薄。这样，金属茶碾、石质茶碾、瓷质茶碾逐渐取代了木碾的地位，成为主流。

2. 茶臼

茶臼是用来捣碎饼茶的。唐代的茶臼大多规格较大，有石质及瓷质等多种。宋代因斗茶盛行，斗茶者都备有一套茶具，以便自点自饮，茶臼规格逐渐变小，制作也日趋精巧考究。其因体积小，重量轻，便于随身携带，而深受茶人喜爱，平民及士大夫们都喜欢用。从江西赣州七里镇窑出土的文物可以看出，其大小与茶盏近似，胎质异常细密，造型非常规整，在茶器外壁常施有黑釉或酱褐色釉，内壁落脱处布满了简单或复杂的刻画线条。同时，我们在一些出土的宋元墓葬壁画里也常见到用茶臼碾茶的场景，这说明茶臼在宋代的使用也相当广泛。

3. 汤瓶

宋代点茶盛行，为了使茶性得到较好的保存，煎水的重要性就凸显出来了。宋代要求煎茶只煎水，唐代颇为风光的鼎、鍑因此逐渐被废弃，取而代之的是小巧玲珑的汤瓶和铫。由于汤瓶的瓶型小，在煎水时如像唐人那样靠目测就非常困难了。为了更好地煮水，宋人发明了另一种辨别水沸程度的绝妙方法——听声法。宋代汤瓶在造型上有共同特点：瓶口要直，注汤才会流畅有力；宽口、长圆腹，口宽便于观察汤，还能增强汤瓶内水的压力，利于茶性的发挥；而腹长能避免烫手，并有效地控制汤的流量，使注汤准确无误不洒出。

4. 茶盏

宋代茶盏在造型和制作工艺上做了较大改进。在唐代以汤绿为贵，茶碗崇尚青瓷；宋代以后，斗茶以茶汤纯白为贵，为了体现出茶汤色泽，茶盏开始用黑釉，因此建窑黑釉盏取代了越窑青瓷碗，并独占鳌头达三百余载。由于斗茶的评审要求，唐代敞口浅腹的茶碗已经不符合要求，取而代之的是口微合、腹深、底宽、足小的茶盏。茶盏的坯体厚、质地粗松，更便于保温。而且，宋代的茶盏还有一个特别的地方，就是从茶盏内壁口以下内收一阶，这样就在口沿内壁形成了一道较宽的凸边，这与宋代的点茶有着紧密的联系。在黑釉盏独放异彩的氛围中，其他类型的茶盏如青瓷、白瓷等，也相继登场，在宋代茶具中绽放光芒，丰富并充实了整个宋代茶具的发展。

5. 茶筅

茶筅是点茶时的辅助工具，前面已经介绍过。大多用老竹制成，要求材质以厚重为佳，便于充分搅动茶汤，产生泡沫。

纵览宋代茶器，在制作生产上除了独领风骚的建窑外，全国最著名且最有代表性的窑口还有五处：官窑、哥窑、定窑、汝窑、钧窑。这五处名窑生产的茶具，再加上建窑，占据了当时全国茶具的半壁江山。

官窑，宋代著名的官窑有两个：北宋河南开封官窑和南宋浙江杭州官窑。这里所指的是南宋杭州官窑，在中国五大名窑中居首位，是由官府烧造瓷器而得名的。南宋在迁都临安（今浙江省杭州市）后，在万松岭建造了修内司官窑，在乌龟山八卦田建了郊坛下官窑。南宋官窑的瓷器是世界碎纹釉瓷艺术的开山鼻祖，专门烧造供达官贵人使用的艺术瓷及日用瓷。它既继承和发展了唐代越窑青瓷茶具的优良传统，又结合了宋代品饮艺术风行的现实情况，使产品从原来的薄釉青瓷进化发展为厚釉青瓷，且胎体绵薄，造型规整，釉色晶莹剔透，纹样雅致秀丽；工艺上精益求精，有的精品的坯胎厚度仅为釉层厚度的三分之一；在装饰艺术上改变了以往在产品上刻花、印花或彩绘的琐碎风格，创造性地运用了"开片"和"紫口铁足"等技术手段，并独创出了别致的碎纹艺术釉。这种创新技术的运用，比国外足足早了六百多年。独树一帜、风格独特的官窑瓷器一经问世，就受到了世人的赞叹，获得了极高的声誉。

哥窑是龙泉窑的重要组成部分之一，窑址位于浙江省西南部龙泉市境内。相传在宋代时，龙泉就有造瓷人章氏兄弟，很好地继承了越窑的传统，并不断吸收官窑的先进技术，烧造的瓷器质量极高，在釉色和造型上都有非常高超的水平。因二窑是兄弟二人所造，所以又被称为"哥窑"和"弟窑"。哥窑创烧始于五代，南宋时达到全盛状态，以烧制青瓷精品而闻名天下；烧制的产品胎薄质坚，釉层饱满，色泽以灰青为主，粉青最为名贵；用纹片装饰，纹片形状多样，大小相间，有"鱼子纹"，有冰裂状的"百圾碎"，还有蟹爪、鱼鳍、牛毛等多种纹样。这是在烧造过程中自然形成的纹形，成为一种别具风格的装饰艺术。哥窑以其天然真实的风格受到大家的喜爱。与哥窑有着密切联系的弟窑，也因瓷器造型优美，胎骨厚实，釉色青翠而著称于世，釉色中以粉青、梅子青为上佳精品，其"釉色如玉"的效果，至今世上无可与之匹敌者。这种艺术境界，是瓷工艺人所终生追求的目标，由此我们可以想象弟窑在中国陶瓷史上所占据的地位。

定窑在今河北省曲阳县的涧磁村、燕川村，因为此地古代属定州管辖而得名。定窑在唐代开始烧制，以烧制白釉瓷为主，同时还兼烧黑、酱、绿釉等瓷器。定窑到北宋时发展达到极盛状态。它采用一种特殊覆烧技术来烧造瓷器，这与全国各地普通的烧制方法有着天壤之别。后来宋都南迁，这种烧制方法对江南地区特别是江西的瓷器烧制，有着深远的影响。定窑的产品胎薄釉润，造型优美，花纹繁复，在器皿上多用刻花、印花的装饰手法。在北宋后期，定窑还为朝廷、官府烧造瓷器，在瓷器底部刻上"官"或"新官"等款字，但到元朝初期，定窑就全面停烧了。

汝窑在今河南省宝丰县境内，原来是专门烧制印花、刻花青瓷的民窑，北宋末期接受朝廷命令专门烧制御供青瓷，因此又称为"官汝窑瓷"，而民间烧制印花青瓷的窑称为"汝民窑"。汝民窑烧造的历史较短，留存于世的器物不多，官汝窑却烧制出了许多珍品，取得了丰硕的成果。官汝窑瓷器造型规整，以不加装饰纹样为佳品，但却以釉色、釉质见长，其中有釉色呈淡天青色，被誉为瓷界珍品。

钧窑在河南省禹县西乡神垕镇，因属钧州范围而得名。作为北宋晚期的青瓷窑场，钧窑起步时间虽晚，但发展的步伐却非常快。钧窑在烧造技术上独辟蹊径，烧制出了红或蓝中带紫的色釉，改变了一直以来瓷器都是单色的历史，这是陶瓷史上飞跃式的突破。钧窑的釉色细润，并用色彩斑斓的釉色代替了早先的花纹装饰，最主要的特色是釉面上常自然地形成不规则流动状的细线，被称为"蚯蚓走泥纹"。这种装饰花纹别具一格，独特新颖，因此钧窑瓷器被茶人视为珍宝，爱不释手。

除了这五大窑口，宋代的窑口遍地开花，多如牛毛，其中著名的还有耀州窑、吉州窑、磁州窑和董窑。在分布的区域上，南方比北方多；在烧造技术、施釉手段上，南方也比北方技术高，尤其是南宋以后，这种情况越加突出。宋代五大名窑的茶具，虽不如建盏、金银盏那样风光无限，但却使宋代的茶具发展呈现出色彩缤纷、百花争艳的喜人景象。

因元朝禁止烧制而有过一段时间的断层，之后，茶具制作缓慢地复苏与发展，到明代时茶具发展达到了顶峰。明代景德镇瓷器的异军突起及宜兴紫砂陶的初露锋芒，造就了一段辉煌，续写了茶具历久弥新的神话。从宋代到明代，茶具开始走进了"景瓷宜陶"互与争锋的时代。

（三）明茶具

明代，由于饮茶方式的改变，白色茶盏开始登上历史舞台。茶盏崇尚白色与茶汤色泽有着密不可分的关系。明代品饮的茶品是与现代炒青绿茶相似的散茶，而"茶以青翠为胜"，因此用洁白如玉的茶盏来衬托绿色的茶汤，显得更加清新雅致，回归自然。陆羽倡导的茶道基本精神，终于在明代得到了实现。这也促成了白瓷的飞速发展，江西景德镇成为当时全国的制瓷中心。景德镇生产的白瓷茶具胎白细致，釉色光润，具有高超的艺术成就，"薄如纸，白如玉，声如磬，明如镜"是其无与伦比的特点，令其成为不可多得的艺术品。明代人将这种白瓷称为"填白"，也称"甜白"。用洁白光亮的白瓷茶具泡茶，色泽悦目，茶味甘醇，既能不失茶的真味，又美观大方，衬托茶汤碧色，增添品饮雅兴，使品茶成为一种享受。

除景德镇外，湖南醴陵、河北唐山、安徽祁门等地也产白瓷茶具，并且各具特色。尤其是醴陵的白瓷，以其瓷质洁白、细腻美观而广受茶人喜爱。

明代景德镇的瓷器生产欣欣向荣。自明初开始就创办官窑"御器厂"，专门烧造宫廷御用瓷和对外贸易用瓷。民间的窑厂也不逊色，规模不断扩展，到了嘉靖年间，已经是"浮梁景德镇民以陶为业，聚佣至万余人"的规模了。官窑与民窑并存，相互影响，对制瓷工艺的进步发展有推动作用，从制胎、施彩，到窑场改制、烧造火候，都有创新变化。景德镇的近千座民窑，是当时瓷器生产的主力。烧造的产品中，青花碗盏占了很大比重。官窑采用在民窑中烧造的方式，并给予资金和技术力量的支持，因此也促进了民窑烧造技术的不断改进和提高。嘉靖、隆庆以后，民窑青花产品质量与官窑已几乎相近。但是因官府对彩釉瓷器的使用规定非常严格，对制作的原材料也严加控制，民窑没有彩釉的材料，所以以烧造白瓷与青花瓷器为主，当时流行于全国各地的青花瓷器中，大多数都是景德镇民窑烧制的，景德镇的瓷业发展如日中天。

景德镇瓷器在明代有创新性进展革新,主要还反映在瓷器的施釉技术上,除传统青花瓷在原有的技术水平上更上一层楼外,还创造了新的品种——彩瓷,备受茶人追捧、喜爱。按照制瓷工艺,景德镇瓷又可分为釉下彩、釉上彩、斗彩和颜色釉四大类。

釉下彩包括青花和釉里红瓷。

釉上彩是因为在釉上彩绘而得名。其工艺上是在已经高温烧成的瓷器上进行彩绘后,再以 700～900 ℃的温度进行烧烤,使彩色不脱落。釉上彩包括釉上单彩和釉上多彩。

斗彩又称为"逗彩",是釉下彩和釉上彩拼逗而成的图案画面。

颜色釉可分成一种色泽的单色釉和多种色泽施于一器的杂色釉,包含了各种色泽的高温釉和低温釉。

明代景德镇的瓷器生产异常繁荣,在长久以来单一的青白瓷制作的基础上,广大瓷工匠艺人,充分发挥超乎想象的聪明才智,创造出了彩瓷、钧红、祭红等各种名贵的彩色釉瓷,用来装饰茶具等。这些名贵的彩色釉瓷造型小巧,胎质细腻,色彩艳丽,成了瓷器艺术珍品。

明代茶具艺术发展的重要贡献,除了表现在景德镇瓷器辉煌灿烂的发展外,最值得赞美的还有宜兴紫砂茶具的崛起。陶壶与陶盏的出现与日后的普及,使饮茶升华到了修身养性、淡雅处世的茶道修行的最高境界,将茶具的欣赏性与艺术性有机地结合了起来,造就了紫砂茶具精品的风光无限及日后的成就非凡。不难看出,茶壶的出现和迅速发展,不仅使得茶盏和茶壶相得益彰,而且在随后漫长的岁月中其成为最基本的茶具,这是明代对茶具的另一重要贡献。随着饮茶方式的改变和陶瓷业的蓬勃发展,茶壶作为茶具中的新兴产品顺理成章地出现在人们的饮茶生活中。茶壶的质地,明人坚持以紫砂为上。品茶艺术的回归为紫砂壶的繁荣发展奠定了社会基础。无论哪种品饮方式,人们追求的还是茶的色、香、味的享受。明代的冲泡方式是散茶直接冲泡,与唐宋时的煎水煮茶方法相比,这种方法的确不容易瀹出茶香,这会带来一些缺憾。而紫砂陶壶体小壁厚,保温性能好,有助于瀹发并保持茶香真味,因而受到了茶人的欢迎。制作紫砂壶,首先需要泥料。宜兴丁蜀镇出产紫砂,那里的陶土质地细腻、含铁量高,经考证只有那里的泥才适合制造紫砂茶器。紫砂壶高超优越的实用性,是其他材质的茶壶无可比拟的。紫

普洱茶艺术

砂壶素胎无釉，胎质细腻，含铁量高达 9%，非常适合作茶具，它具有以下优点。

（1）能保持"色香味皆蕴"，泡茶不失茶的真味，没有熟汤气，能使茶叶散发醇郁芳香的气息。

（2）紫砂壶材质特殊，壶壁上有小气孔，使茶壶能有效吸收茶汁，使用时间长了，壶壁上积有"茶锈"，就算是没有放置茶叶的空壶，用沸水注入壶内，茶香味也能散发出来。

（3）用紫砂壶泡茶，茶叶隔夜也不易老馊变质，有益于人体健康。

（4）紫砂壶还具有很好的耐热性能，即使在冬天天气寒冷的时候注入沸水，也不会因温差大而冷炸；用文火炖烧也不易爆裂。

（5）紫砂传热缓慢，保温性能好，使用时，提壶不会烫手。

（6）紫砂壶经久耐用，也就是俗话说的"养壶"，经茶水浸泡滋养、手掌摩挲润泽后，光泽更好更润，也更加美观。

（7）紫砂壶式样繁多，造型也古朴别致，实用性与欣赏性俱佳。

宜兴紫砂壶，集技术与艺术、实用与审美于一体，使人们在饮茶品茗时，既能深刻体验到味觉之美，又能感受到茶具的艺术之美，为品茶增添了审美的情趣。从明代发展到现代，紫砂壶的造型日趋多元化，表现手法也日益丰富，除了在继承古代传统的基础上发展外，其还在进行不断创新，如汽车、灯盏、皮革等都被用于紫砂壶造型，在制作技术上，先进的微型刻壶也陆续问世了。最为让人惊叹的是，在一把仅能盛 350 ml 水的壶上刻上了 7000 余字的《茶经》全文，还有的艺术家在尝试把古代名篇茶画搬上壶腹。紫砂壶的突出成就，与制陶匠人们的孜孜以求、不倦探索是紧密相关的。

另外，作为主要茶具的茶盏，到明代时也有了改进，那就是在茶盏上加盖。加盖是为了保温，也有清洁卫生的考虑，即可以防止尘埃进入。从此，一盏、一托、一盖的盖碗茶具，成了茶人们不可或缺的茶具。盖碗突出的是实用性，并且更加强调装饰艺术，通过品茗养性怡情，是盖碗给人们带来的美好境界。

明代茶具以迎合文人审美意向为主要目的，以淡、雅为宗旨，呈现了"景瓷宜陶"争锋的繁荣局面，紫砂壶在明代中期异军突起，并迅速成为茶具界的新兴力量，但其仍然无法冲破瓷器茶具的包围圈，直到在清代才能与之全面抗衡，并逐渐取代瓷器茶具，成为茶具中的主流。正是由于它的成功出现，瓷器茶具在清代依然不断创新发展，制作出名目繁多的集实用性与艺术性于一体的茶具，带给人们艺术的美感和品茗的享受。

（四）清茶具

清代，紫砂茶具的市场比前朝又发展扩大了许多，各个阶层的审美情趣和要求都有所不同，使得这一时期紫砂壶制作的风格也有所不同。良性循环对紫砂壶的发展有着巨大的推动作用，紫砂壶发展至此已经形成三种特色迥异的风格。

首先是传统的文人审美情趣风格。这种风格讲究的是紫砂壶的内在气质，崇尚的是单纯朴素的风貌。

其次是奢华明艳、富丽精巧的市民情趣风格。一般在紫砂壶面上用石绿、石青、红、黄、黑等颜色描绘山水人物及花鸟虫鱼，也有在壶上施以各种明艳的釉色，还有是镶金镶银等点缀。

最后是为贸易需要而创新设计的适合外销的风格，如少数民族喜爱的包金银边、加制金银提梁等。

清代紫砂壶最大的特色是以复古为制作目的，清代的匠人一直沉浸在怀古的气氛中，习惯沉浸在古代的诗书画中。这与明代紫砂壶存在本质上的区别。清代由于有大批文化遗产可供模仿，艺术的商业化刚起步，市场需要大量紫砂壶，因此陶壶艺术无创新的空间和土壤；而明代的制壶艺术家们时常在仿古的同时还能融入自己的想法和创意，现代人可从明代的作品中窥出些许新意。

清代涌现了大批卓有成就的制壶名家，他们对原本萎靡不振的紫砂业的迅速恢复与发展提高作出了卓越的贡献。当时著名的壶艺大家有惠孟臣、陈鸣远、陈曼生、杨彭年等。清代紫砂壶制造业的繁荣兴盛，是由无数的制壶高手与普通匠人共同造就的，文人雅士也积极参与其中，将紫砂壶的艺术观赏性推向了极致。正是因为他们的辛勤劳动和不倦追求，才有紫砂壶今天的辉煌成就。而文人墨客的参与，使紫砂壶的工艺与书法、绘画、篆刻珠联璧合，交相辉映。至此，紫砂壶不再是单纯的茶具用品，还以精美的艺术欣赏性而成为工艺美术珍品。其对后世深远的影响在于：制陶工艺不再是单纯的制壶，而是有制坯及雕刻字画的工序和工种了，紫砂壶的精雕细琢，终于将它引向了一个繁荣发展的阶段，并结出了硕果。

清代茶具中紫砂茶具占据主导位置，然而瓷器茶具仍然稳步发展。瓷器烧造在清代达到了鼎盛，生产的产品质量超群，在国内外都享有盛名，使这一时期成为中国陶瓷史上的黄金时代。清代各个时期的瓷器，都各有特色，内容丰富，承上启下，既有共同的艺术特征，又有不同的时代风格。

清代的瓷器烧制，采用的仍是民窑和官窑相结合的方式，但与以往不同的是，官窑是采用官搭民烧的办法，并且对民窑的限制非常宽松，只有少数御用品指定在官窑烧，其他的三彩五彩瓷器，在民窑中均可烧制，这在明代是绝对不可能看到的事。

清代瓷器，名目品种繁多，造型、釉彩、纹样、器型、装饰风格上的技术水平都达到了最高峰。在釉彩方面，清代瓷突破明代的一道釉中以红、蓝、黄、绿、绛、紫等几种原色为主的技术，创造出了各种带有中性的间色釉，使可用色彩达几十种之多，令瓷绘艺术发挥得更加淋漓尽致。

清代的白釉瓷器烧制水平及质量很高，可以根据不同的品种纯熟地烧造出牙白、鱼肚白、虾肉白等浓淡不同的白色器皿，这为彩釉瓷器的飞速发展奠定了坚实的基础。红釉从明代的鲜红、郎窑红发展到清代有了深红系列的朱红、柿红、枣红、橘红等类，还有属于淡红色系的胭脂水、美人醉、海棠红等许多色彩鲜艳的新品种；青釉也由原来的仿青瓷而逐步创新技术，不仅可以仿制唐宋名品中的秘色天青、东青、豆青等颜色，还创出了豆绿、果绿、孔雀绿、子母绿、粉绿、西湖水、蟹甲等更丰富多彩的品种；黄釉类也研创出了淡黄、鳝鱼黄及低温吹黄等新颜色；在比较少见的蓝釉、紫釉方面也很有成就。更值得赞叹的是，清代的五彩瓷器技术取得了历史性突破。康熙年间，试制成功了粉彩、珐琅彩，而到雍正时又新创出了墨彩，乾隆年间的工匠们综合利用方法创新，使茶具及其他瓷器的生产异常华丽繁茂，达到了历史的巅峰。此外，清代的瓷器还大量创新使用加金抹银的装饰手法，或吸收脱胎漆茶具的独特工艺，炙金、描金、泥金、抹金、抹银等新技术纷纷闪亮登场，使得清代的茶具生产更加丰富多彩。

清代的瓷器烧造中，江西景德镇依然占据"领头羊"的位置。虽然在此期间，福建德化、湖南醴陵、河北唐山、山东淄博、陕西耀州等地方也以惊人的瓷器产量异军突起，但是无论在质量还是数量上，都无法同江西景德镇相提并论。

而在景德镇的官窑中，有几座是具有代表性且影响很大的。

"臧窑"，康熙年间工部虞衡司郎中臧应选负责督造的瓷器官窑。

"年窑"，雍正年间由淮安监督年希尧督造的官窑。

"唐窑"，是当时官窑中最为著名的。雍正六年（1728年），内务府员外郎唐英，奉命驻景德镇御器厂协理陶务。唐英是制瓷行家，对瓷器的烧制及艺术加工非常精通，因此，唐窑出产的瓷具水平很高。

清代瓷器制造的繁荣兴旺，是由于当时从上到下各个阶层饮茶风靡，对茶具需求增加的缘故。虽然紫砂壶在当时也是风光无限，但由于生产数量有限，无法满足全国乃至全世界巨大的市场需要，并且中国地域宽广，各地饮茶习俗不一，并不是所有地方的饮茶法都适合使用紫砂壶。因此，瓷质茶具还是得到了巨大发展，创造了无比辉煌的业绩。

第四章　普洱茶的美学之旅

第一节　普洱茶的美学特质与鉴赏

一、茶美学

（一）茶美学概念

茶之美包括由茶的色、香、味、形等所带来的感官愉悦以及在进行茶事活动过程中所获得的精神愉悦两个方面。

茶美学是庞大美学体系里的一个分支，是以茶、茶事活动、茶艺术作品以及这一过程中的审美态度、审美趣味、审美经验等为研究对象，总结出审美茶、创造茶美感以及这一过程中人的感官与精神感受的一般规律，从而促进茶文化和茶业经济的发展，提高人们的审美能力，美化人们生活的学科。

茶美学作为美学的一个分支，其研究对象不能脱离美学的研究范围，包括审美主体、审美客体、审美活动三个基本要素。审美主体指对茶、茶事活动、茶艺术作品进行审美的人。审美客体指茶以及茶事活动，涉及的内容相当广泛。审美活动指创造关于茶的审美价值的人类实践活动，如种茶、制茶、冲泡、品饮等，以及茶诗、茶画、茶歌舞等的创作活动。

（二）茶美学的发展历程

茶美学发展以饮茶普及为前提，是人们在不断接触茶的实践活动中逐步形成，并随着茶文化的发展而发展的，正如人类对其他事物的认识过程一样，人们对茶美感的认识也经历了一个漫长的过程。

1．茶美学思想发端

人们最初对茶的美感源于茶可以解渴充饥。茶叶作为可以食用的植物，使人类在寻找食物维持生命的阶段感受到果腹的愉悦。农耕生产之后，人们开始寻求治病防病的方法。茶解毒、健身、益寿的功效使人们面临疾病时能除去病痛，这无疑是最美的体会。茶因其独特的功效，保护人类的身心，被人们认为是未知世界的神秘力量，从而对其产生了原始的崇拜之情。以茶为食，解渴充饥给人类带来的美感；以茶为药，茶能治病健身的功效给人类带来的美感；以茶为祭，茶为祭品蕴含着人类对茶的崇拜美。这些对茶之美的原始认识就是茶美学思想的发端。

2．唐宋元明清时期茶美学发展

唐代陆羽《茶经》问世，将日常饮茶活动提升到修身养性的高度，确立了朴素自然的茶审美观，倡导以"和"为核心的茶道精神，是茶文化发展史上的里程碑。唐宋时期大量茶诗文涌现，对茶的审美更为深入全面，丰富了茶文化，进一步使饮茶风气普及。明朝时涌现出大量茶叶专著，还有茶诗、茶画、茶书法、茶歌、茶舞、茶音乐等有关茶的文学和艺术作品。清末时期，城市茶馆兴起，茶与曲艺、诗会、戏剧、灯谜等民间文化活动融合，形成特殊的"茶馆文化"，"客来敬茶"也已成为寻常百姓的礼仪美德。

唐宋元明清时期是茶美学发展的重要阶段，茶从日常解渴的饮品，上升为修习身心的茶道，人们围绕茶、茶事活动，不断进行茶的审美、茶的艺术创造。在这个过程中，人的感官与精神感受得到了美的熏陶，人们的审美能力得到了提高，人们的生活得到了美化，同时也促进了茶文化和茶业经济的发展。

3．近现代对茶之美的认识

近现代以来，品茶成为美的休闲方式之一，以茶为主题的茶诗、茶画、茶舞、根雕、泥塑、金石、绣品等不断涌现，为人们的生活增添诗情画意。各种以茶为主题的茶文化交流活动广泛开展，茶文化知识不断普及，科技的进步，促使茶叶消费方式多元化，消费数量增长。茶所具有的亲和力得到广泛认同，以茶相待成为国人日常甚至国际交往中的高雅礼仪，茶及茶文化的重要性日益凸显。

（三）茶美学的核心思想"和"

中国的茶文化根植于儒、道、佛的思想沃土之上，吸收融会了三家的思想精华，形成以"和"为核心的审美思想。所有茶事活动无不渗透"和"的美学理念，天与人、人与人、人与境、茶与水、茶与具、水与火以及情与理，相互之间的协调融合成为茶事活动的审美追求。

茶"和"之美体现在从茶园到茶杯的茶及茶事活动中。茶园生态的和谐美、烹调茶时的调和美、品茗环境的和洽美、达利传情的和乐美、茶之功效的和健美，无一不体现出"和"的审美思想。

二、普洱茶美学

茶的故乡在云南，4000万年前喜马拉雅山从海洋深处庞然崛起，在这冉冉上升的地平线上产生了"三条巨龙"——金沙江（长江上游，又名通天之河，自古盛产黄金）、澜沧江（湄公河上游，也称幸福之母，俗称东方多瑙河，一条流贯东南亚的重要河流）、怒江（东方大峡谷，有神秘的岩画），出现了世界独一无二的奇观"三江并流"。在这一宽度约150千米的区域里，澜沧江与金沙江最短距离为66千米，澜沧江与怒江的最短直线距离为19千米。"三江并流"世界自然遗产于2003年7月2日被联合国教科文组织列为世界自然遗产，当时，"三江并流"是中国也是全世界唯一一个达到四项标准的世界自然遗产。"三江并流"所占面积仅占中国国土面积的0.40%，但却拥有除海洋和沙漠外的所有植被类型，中国25%以上的高等植物（6000多种）、50%以上的动物物种在这里繁衍生息，让人一天之内可以在冰天雪地的北极寒冷型针叶林和非洲的干热河谷中穿行，堪称一绝。三江并流天下胜，聚集天地之大美和烂漫诗意。"三江并流"中的澜沧江中下游孕育着世界著名的大叶种茶，神奇的大叶种成就了世界著名的普洱茶。

普洱茶美学是以普洱茶为主体展开的一系列的种植、制作、储藏、品饮、收藏、鉴评等茶事活动的美学鉴赏和感受，以及由此创作的内容广泛的普洱茶文学作品，其中也包含对普洱茶的生理感受和心理感受。普洱茶美学主要体现在普洱茶山之和谐美、云南大叶种茶芽叶之丰腴美、制作工艺之精湛美、形态多样之变化美、内质丰富之汤香味美、冲泡技艺之秀雅美、民族融合之多元美、茶道思想之哲学美等方面。

三、普洱茶的审美原理

中国古典美学思想的中心问题是如何摆正美与善的关系问题。中国古典美学自诞生起就作为一种审人的美学而独具风格，即只有当审人的美学推广到社会生活的各个领域中时，才能进一步推广到自然本身上去，并将自然当作一种外加的审美形式和认识对象。因而，古代对自然物的审美是以人文的哲学思想为指导的，而茶美学的起源和发展虽然具备了道德的关怀功能，但是对茶本身的自然属性却认识颇少，对于茶美学的运用更多的是服从于审人哲学的需要。这些客观原因的存在，使得历史上虽然有很多关于茶的文字，但是纯粹从科学角度对茶进行研究的书籍却是远远少于茶文化艺术研究著作，屈指可数的几本是：第一部茶学专著《茶经》、北宋大科学家沈括的《梦溪笔谈》、明代李时珍的《本草纲目》等。这些著作从不同角度对茶的本质属性及药理作用等做了一些科学的描述。明代中期一直到清代前期，中国茶叶科学技术的发展达到了历史的最高水平，也处于当时世界茶叶科学技术的最高水平，这是中国茶学历史上传统茶学最后的辉煌阶段。

从唐代陆羽的《茶经》问世到中国工程院院士、著名茶学家陈宗懋主编的《中国茶经》出版，在一千多年漫长的岁月里，各个时代都出版了不少有关茶的经典著作。这些著作内容丰富，涵盖了科学、经济、哲学、文学等众多领域。中国真正意义上的茶科学，是在20世纪才建立起来的。1949年后，茶文化开始恢复和发展起来，尤其是改革开放以后，随着社会经济的腾飞，茶文化也空前繁荣，茶学的发展也进入了中国历史上最灿烂辉煌的时期。在这一时期，出版的茶书多种多样、内容丰富，涉及的领域包括教育、食品、医药、伦理、哲学等方面，硕果累累。

中国当代茶文化兼具国际性、开放性、交融性，当代茶美学不再只是建立在群体意识之上的实用理论，而是具有立足于个体意识的科学精神。这种科学精神不是对中国传统茶美学的背叛，而是"凤凰涅槃，浴火重生"的必然所向。茶美学的成长、壮大需要漫长的过渡，甚至是剧痛的煎熬转变和脱胎换骨。这意味着传统茶文化与现代科技的冲突、碰撞及比较、融合问题将长期存在。如何能使中国当代茶美学的生存和发展保持良性循环，如何革新与传承茶美学的学科走向，这是当代茶文化学者在理论和实践上都必须面对的问题。

茶美学的研究范畴应该是包括茶立足物性的自然美和立足人性的社会美的创造和赏析活动，比如，以茶为主的茶园生态系统的培育，以人为主的茶馆、茶楼、茶室中的琴棋书画诗等多种艺术形式与茶的融合与欣赏，由此全面剖析茶的致用、比德、畅神的功能，从而揭示茶美学的本质、茶审美的体验和茶艺术的赏析所蕴含的规律。品茶的内涵绝不只在于抗病强身和解渴，更深层次的作用是在于茶中一以贯之的审美灵魂。茶美感作为情感表达的一种方式，是具有一定的稳定性的，它不被时空或人固定、僵化，也不会因时空或个人随意变动、消失。这正是中国茶文化、茶美学历经千年薪火相传、香飘世界的原因和秘密所在。

茶美学是美学研究家族中不可或缺的成员，茶美学研究的主要对象包括茶叶生长的自然环境、茶叶形态、茶叶包装、茶叶质地、茶艺表演、茶叶鉴赏品评、茶文学艺术的体现等方方面面。茶本质上是一种可以让人得到生理上满足的，为全人类所接受、所普及的人类的绿色饮品，但升华到精神上来说，就仁者见仁，智者见智了。如果只是从茶的物质功效去研究它，茶并没有蕴含多大的魅力和魔力，与普通的日常饮品无异；只有在品味过程中把茶与现实生活的酸甜苦辣联系起来，并产生共鸣，由此感悟人生的真谛，才能真正领略茶的魅力。这就是茶美学研究的普遍意义和生命价值之所在。

第二节 本质之美：从内而外的自然流露

一、资源美

（一）茶树种质资源之美

1. 物种丰富之美

云南是茶树起源和多样性分布中心之一，境内高山深谷河流纵横交错，土壤以砖红壤与赤红壤为主，有机质含量高，常年云雾笼罩，为茶叶种植生长创造了得天独厚的自然条件。云南茶树种质资源占全世界总量的74.3%、全国的76.5%，拥有悠久的种茶历史和得天独厚的地理优势。独特的生态环境孕育了云南丰富的茶树种质资源，使云南大叶种、中叶种、小叶种类型俱全，尤以云南大叶种茶最为独特，在热带、亚热带、温带、寒带均有分布，其茶树种质资源具有物种多样性、生态型多样性、形态特征多样性、生化成分多样性、遗传多样性的特征。

云南是世界茶组植物分类研究中所占种类最多、分布最广的地区，从起源中心向其他地域的自然传播和从中国向世界的人为传播过程中，发生了从形态水平到细胞水平，再到分子水平的一系列演化，孕育了云南的茶树种质资源库。在这片丰富的物种海洋里，云南茶组植物在水平或垂直分布上呈现的连贯状态，超过世界上任何一个产茶地区，这是原产地物种植物的重要特点之一。如此众多茶树种质资源为茶叶的研究利用提供了广阔的物质基础和利用空间，其中一些珍稀资源也具有重要的学术研究价值和利用潜力，在茶树育种和品种改良中具有重要作用。而云南大叶种的独特生态之美，吸引着越来越多的人来到茶的世界，吸引着每一位茶学研究者投身于茶学领域，并奉献终身。

2. 类型多样之美

扎根在群山中的古茶树群落，以顽强的生命力，经历了云南大叶种茶树家族的变迁，孕育了多样的野生型、过渡型、栽培型茶树。从野生型茶树到现代栽培型茶树，是一个逐渐演化的过程。野生型茶树的存在，证明了中国是世界茶叶的发源地，野生型茶树多为乔木，树姿高挺，树高在3米以上，嫩叶无毛或少毛、角质层厚，毛茶颜色多呈墨绿色，野生茶的酯型儿茶素含量较低，对口感的刺激度较低，滋味甜醇。过渡型茶树一般为乔木型茶树，它的发现填补了野生茶树到栽培茶树之间的空白，改写了世界茶叶演化史。过渡型茶树的茶叶嫩叶多白毫，叶缘细锐齿，叶脉主副脉明显，制成的毛茶多为黄绿或深绿色，内含物质丰富，香气较高扬，回甘耐泡度很好。栽培型茶树具有一般大叶种茶的性状，且性状较为稳定，品质优异，制成的毛茶外形条索紧细，色泽暗绿，香气具有明显的兰香或蜜香，茶汤滋味饱满，回甘好。多样古树之类型，绚丽云南之佳境，云南丰富的茶树类型是茶树栽培史的缩影，在这小小的缩影中，可以见到云南茶树种质资源的类型多样之美。

3. 内含变化之美

温和气候、充沛雨量等独有环境滋养下的云南茶树种质资源不仅类型多样，其内含物质也存在差异。同一生化成分上的差异也天差地别：有氨基酸含量6.5%的新平者龙白毛茶，也有1.0%的罗平中山毛尖茶；有咖啡因含量高达5.8%的南涧阿伟茶，也有不到1.0%的盐津牛寨茶；有茶多酚含量高达42.6%的双柏鹦加大黑茶，也有只有15.8%的富源黄泥河大厂茶；有儿茶素含量高达19.9%的腾冲坝外大叶茶，也有只有3.2%的师宗大厂茶；有没食子儿茶素没食子酸酯含量高达11.9%的腾冲大叶茶，也有只有1.2%的双柏鹦加大野茶。内含生化成分的多样性是DNA遗传多样性的直接表现形式，因此，云南茶树种质资源的多样性之美也表现在生化代谢特征上。

4．形态多元之美

从长夏无冬的热带到四季分明的亚热带、从沟谷雨林到丘陵坡地，均有茶树的身影。在这种多样环境的孕育下，茶树长成了不同的生态类型，既有屹立于南亚热带原始森林的乔木大叶型茶树，也有生长于中亚热带山涧谷地的小乔木大、中叶型茶树，更有林林总总遍布于北亚热带和暖温带广阔地域的灌木大、中、小叶型茶树。云南多样的生态造就了云南茶树表型的多样性。树形乔木、小乔木和灌木应有尽有，高低错落尽显树型之美。树姿表型从直立状、到半披张状、再到披张状的转变，茶树之身姿如徐徐展开的折扇，意蕴美感，耐人寻味。对于叶片来说，表型更是丰富多样，体现在叶色、叶面、叶身、叶缘、叶质、叶形、叶基、叶尖、叶片大小、芽叶色泽和芽叶茸毛等11个表型方面。茶花芬芳馥郁，是秋冬季节茶山上一道亮丽的风景线，给茶园带来生机与活力，茶花的表型差异表现在花瓣数目、色泽、雌蕊分权数、子房的光滑度等方面；而茶果在果实直径、果皮厚度、果轴粗细及内含种子数等方面表现出差异性。茶树千样表型，纷繁万种风情，多样的生态型展现了云南茶树独特的风采。

（二）云南大叶种茶树之美

1．树美

普洱茶中的古茶树是宝贵的活化石，是茶树起源地中心和人类悠久种茶历史的有力见证。云南省良好的生长条件自然就形成了纷繁茂盛的云南大叶种茶树资源。千年古茶树尽显远古野蛮自由生长的力量，树高十几米至几十米不等，仰视难窥全貌。葱茏延绵的树冠遮天蔽日，树根深深根植于大地深处，在充分吸收原始森林腐殖质有机土壤的养分后，支撑着云南古茶树茂盛生长、千年屹立。高大的乔木型大茶树于原始森林中郁郁葱葱，小乔木型茶树枝繁叶茂于山地林间，低矮的灌木型茶树漫布丘陵缓坡。走进云南茶区，欣赏挺拔伟岸、姿态各异的大叶种茶树，藤条与茶树相互缠绕，交织成一张参差错落的绿网，镌刻了云南大叶种茶树的本真之美。

2. 叶美

云南大叶种茶树，由于顶端生长优势明显，自然生长的茶树分枝呈单轴分枝；从叶片的大小来看，定型成熟叶片的面积一般大于 40 平方厘米，大叶种茶树叶片长 12.70～25.30 厘米、宽 5～9 厘米；叶形椭圆为主，叶尖急尖或渐尖，叶面隆起；叶色绿有光泽，叶片厚而柔软，叶身背卷或稍内折，叶缘微波，侧脉 10～11 对。从云南大叶种内部结构来看，栅栏组织大多数为一层，且排列较稀疏。

3. 内含美

作为唯一加工普洱茶的茶树品种——云南大叶种（见图 4-1），其蕴含着极为丰富的有机化合物成分。云南大叶种茶树鲜叶的茶多酚、咖啡因和水浸出物，尤其是儿茶素的含量都多于一般中小叶种茶树，且由于酚氨比也比中小叶种高而赋予了大叶种茶汤更为浓厚、强烈的口感。正是因为云南大叶种拥有着优质又丰富的内涵，与普洱茶可谓天生绝配，缔造了云南普洱顺、活、洁、亮的优良品质与口感，更能加深舌尖对普洱茶滋味的独家记忆。

图 4-1 云南大叶种

二、工艺美

（一）加工美

云南多样的生态环境孕育了独特的茶树种质资源，赋予其芽叶丰富的内含物质，而精湛的加工工艺是不同美的展现。

晒青原料加工中，摊青奠定了普洱茶内质之美。茶叶采摘后仍然具有活力，仍然能呼吸维持新陈代谢，但呼吸产生的热能和鲜叶的高水分含量会导致鲜叶氧化红变，而摊青则使得鲜叶保留了其本真之美。杀青，高温下去其糟粕留其精华，留住了云南大叶种特有的物质，为揉捻做足了准备。揉捻，聚集、释放大叶种的风味物质，借由外力破坏茶叶表面与内部细胞，组织液体流出茶叶表面，内含物质析出，动作刚柔并济，连贯协调，使茶叶受力均匀，利于冲泡时增加滋味感和香气。干燥，则赋予了晒青原料阳光和温度下的色香味形。

普洱茶的加工中，原料等级区分让普洱茶品质更标准；拼配赋予了普洱茶不同的风味口感；蒸压提升了普洱茶更耐运输及储藏的性能；固态发酵赋予了普洱熟茶更多的保健功能，在涅槃中重生，铸就了普洱熟茶独特的风味特征。

（二）型制美

普洱茶分为散茶和紧压茶两类。紧压茶形状各异，有饼茶、砖茶、沱茶、柱茶、特形茶等；散茶分为特级、一级至十级等十余个级别。

1. 紧压茶

（1）饼茶。传统普洱茶以圆饼形为主，7饼为一筒（柱），称为七子饼茶，其始造于雍正十三年（1735年）。饼茶，外形美观酷似满月，是以晒青或普洱熟茶（散茶）为原料，经筛、拣、拼配、蒸压定型等工序制成，成品呈圆饼形，直径约21厘米，顶部微凸，中心厚2厘米，边缘稍薄为1厘米，底部平整而中心有凹陷小坑，每饼重约357克，以白绵纸包装后，每7饼用竹箬叶包装成1筒，故得名"七子饼茶"，1949年后被正式命名为"云南七子饼茶"。"357"取自《易经》中所谓的阳数，阳数共有五个，分别是1、3、5、7、9，357正好取阳数中间数，寓意吉祥，易经中有三阳开泰的卦象为吉兆。357之和为15，一月中的月圆之日，又是农历一月中最重要的一天，象征着团圆。

（2）心形紧茶。心形紧茶出现于1912年，当时是为解决团茶运输过程发霉问题而研制的，形制似蘑菇、也似牛心，下关和佛海茶厂同时生产，商标为"宝焰牌"。1966年停产，到了1986年恢复生产。牛心形紧茶能消食解腻。

（3）砖茶。砖茶方正，便于运输与计量，过去主要由四川生产，1949年前云南只有少量茶庄制作，1956年开始由下关茶厂试制，1966年云南开始批量生产。砖茶是方砖形或其他形的茶块，以优质晒青或熟茶散茶为原料，压制后的砖茶有长方形和正方形，质量小至3克，大到7.7千克，以250克、1000克居多，便于运送。饼茶与砖茶，一方一圆，与天圆地方暗合，体现了中国古代的哲学思想。天、圆象征着运动，地、方象征着静止，两者的结合则是阴阳平衡、动静互补。"天圆"心性上要圆融才能通达，"地方"命事上要严谨条例，"天圆地方"的思想隐含着"天人合一"的精髓，天圆则产生运动变化，地方则收敛静止。追求发展变化，才会有事业的成就，人类才会不断进步；希望静止稳定，才会有安逸的生活，世界才能和平共处。

（4）沱茶。沱茶的名称由来已久，传统的沱茶是由团茶转化而来，有说由于过去远销四川沱江一带，故而改"团"为"沱"。云南沱茶创制于清光绪二十八年（1902年），是由思茅市（现普洱市）景谷县的"姑娘茶"（又称私房茶）演化而来。清代末年，云南茶叶集散市场逐渐转移到交通方便、工商业发达的下关。下关永昌祥、复春和等茶商将团茶改制成碗状沱茶，经昆明运往重庆、叙府（今宜宾市）、成都等地销售。中华人民共和国成立后，云南沱茶的生产数量和质量有了新的发展和提高，畅销全国。云南现具代表性的沱茶是下关沱茶、勐海沱茶、凤凰沱茶、凤庆沱茶等。沱茶外形呈半圆形，边缘为圆弧状的流线形，以100克型为例，从凸面看是一个高4.5厘米、直径8厘米、壁厚约2厘米的半球体，这种半球状的形态最大的优点是具有很强的抗压性。从凹面看，像一只厚壁的小碗，中心凹槽部分加大了与空气的接触面积，使沱茶具有良好的透气性，保证了沱茶在长途运输中不会霉变。沱茶这种圆润的形态不仅有体积紧密、抗压的特点，在当时茶叶仅靠笋叶、篾丝包装的年代，这样的产品设计还避免了茶叶在长途贩运中相互摩擦、磕碰而导致的缺角、掉面等影响产品销售的情况。

（5）金瓜贡茶。金瓜贡茶也称团茶、人头贡茶，是普洱茶独有的一种特殊紧压茶形式。茶叶被压制成大小不等的半弧形，从100 g到数百斤不等，因其形似南瓜，茶芽长年陈放后色泽金黄，得名"金瓜"。金瓜茶自古就是贡茶，故名"金瓜贡茶"。金瓜贡茶，形似"南瓜"，而南瓜之美，在于不管地位如何变换，给一块空地它就生根，给一点雨水它就发芽，给一点阳光它就茂盛，不会扭扭捏捏，不会恃宠而骄。南瓜之美，美在质朴率真，像朴实憨厚的老百姓。

（6）特形茶。以晒青和普洱熟茶散茶为原料，经蒸汽蒸软后，制成压印字、画、生肖、吉祥图案等各种形状的产品或独具寓意的工艺品和纪念品。此种茶具有较强的观赏性和收藏性。

表面有字的工艺普洱茶常用"福""禄""寿""禧""龙凤呈祥""马到成功"等吉祥语,品茗茶香的同时也感受到了美好的祝福。

2. 散茶

很多人喜欢散茶,正是因为其外形独特,芽美毫显,方便取用与携带。尤其是在冲泡过程中,将散茶放入盖碗中,待注入水,看着一根根细致的条索沉浮,汤色变得浑厚,不失为一种乐趣。

优质的普洱散茶会陈香显露,无异味、杂味,色泽棕褐或褐红(猪肝色),具油润光泽,褐中泛红,条索肥壮,断碎茶少;质次的则稍有陈香或只有陈气,甚至带酸馊味或其他杂味,条索细紧不完整,色泽黑褐、枯暗无光泽。散茶型制方便观察茶叶的松紧、轻重、干湿程度,便于消费者挑选茶叶,若是储藏得当则更加有利于茶叶的转化。

(三)产品美

1. 生茶的原生之美

精湛的加工工艺促成了大叶种灵动芽叶美的蜕变,天作之技创造出了隐含美妙旋律的神奇普洱茶。当鲜活的芽叶被人类温暖的手指触碰的刹那,灵动的芽叶为了她的事业不得不离开哺育她的大树母亲,芽叶在清晨流动的微风中轻轻地蜷缩萎凋;翻抖抛撒的高温杀青的目的是驱逐水分且赶走不悦的青草气,揉捻却是在柔韧的手掌下开启了普洱茶第一次蜕变的旅程,芽叶间的相互拥抱,禅意绵绵中约定了给予,让叶片变成紧结的条索,只为锁住风霜雨露,待到与水相见时美的绽放;日光干燥是她完成第二次蜕变最为特殊的一道工艺,静心接受阳光的抚慰与沐浴,开启了普洱茶具有的原生态美的乐章。日晒、紧缩、聚集,一切都是为了未来在壶中的舒展、舞蹈、绽放,为了普洱生茶原生之美的完美呈现。而她因自古隐居云岭大山深处,没有遭遇明代"废龙团凤饼"的禁令,至今,仍坚守着中华唐宋最传统而又最时尚茶饮的砖、饼、沱、团的型制。她在石模中蜷身,寻觅安睡的美态,看似是把期待内敛深藏,其实是为了更漫长的远行。粗枝大叶,芽梗交织,为众多有益的微生物家族预留空间,成就了传统普洱茶时间里真正的涅槃。

2. 熟茶的创造之美

21世纪智能化人工发酵的科技创新时代,则赋予了普洱茶另一种全新的生命力，改变了人类对传统茶品的简单认知。当微生物遇见了晒青，有益微生物菌群变成这场大戏的主角，水分子、大气和温度是它们制转腾挪的锣鼓；30～50天，甚至更长时空里，经高温高湿的锤炼，最终呈现普洱熟茶。第一次让大叶种晒青得到真正的涅槃重生，构建了生熟互补、阴阳相济的普洱茶科学新体系，让普洱茶真正成为当代人养生的妙方和精方，让人们在和普洱茶邂逅的生命里享受健康和正能量。

（四）包装美

云南普洱茶紧压茶包装大多用传统包装，分为内包装和外包装，内包装用绵纸，外包装用笋叶、竹篮，捆扎用麻绳、篾丝。这种包装的形成是由于普洱茶原产地——西双版纳及思茅地区笋叶资源丰富。从普洱茶品质形成的角度来说，这种包装材料通风透气，有利于成品普洱茶在储藏过程中进行后发酵，提高普洱茶的品质。因此，云南普洱茶的包装是独具特色的。

绵纸分为机器纸和手工纸，普洱茶包装一般采用机器纸。机器纸具有廉价、透气性能好、适合印刷等优点。

普洱茶是需要呼吸和后发酵的，要与空气有一定的接触，不能完全密封，因此普洱茶的包装材料除了结实，还要透气，笋壳包装便应运而生了。笋壳是竹笋的箨片，较硬实，是天然的原生材料，用来包裹普洱茶，不会发生化学渗透，又能使茶叶免受外界污染的破坏，为普洱茶营造了良好的微环境，促进了后发酵。

三、内质美

（一）汤美

从唐朝以后，中国茶叶品种花色逐步多样化。到了近代，六大茶类划分明确，中国茶汤颜色也变得多姿多彩，黄、白、红、绿、青、棕、褐。而随着储藏时间延长，普洱茶在慢慢沉淀，向着香、醇、甘、润、滑方向转变。这一过程中，汤色的变化，意味着普洱茶品质的升华。汤色之美，主要表现在视觉上，而视觉上所呈现出的色彩，又跟茶叶本身、汤水本身所含物质的种类和含量密不可分，影响汤色的主要是色素类物质。

茶叶中的水溶性色素来源：一是茶鲜叶中的天然色素、花青素和花黄素等；二是在茶叶加工过程中形成的色素，如茶黄素、茶红素、茶褐素等儿茶素的氧化产物。氧化型茶色素是茶叶中的代表性成分，在普洱茶中主要是茶褐素、茶红素和茶黄素。

普洱茶是云南大叶种经过特殊加工工艺及时间储藏转变形成的产品。普洱茶（生茶）汤色呈现黄绿转化为橙红的变化美。这是由于在干仓储藏过程中，普洱茶（生茶）中茶红素含量呈增加趋势，最终茶红素转变成茶褐素。

普洱茶（熟茶）是晒青茶经过微生物固态发酵加工而成的产品。熟茶的汤色是以红浓明亮为美。普洱茶（熟茶）在长达30～50天高温高湿发酵的过程中，茶多酚类物质特别是儿茶素类物质大幅下降，茶红素小幅下降，而茶褐素类物质大幅增加。大叶种芽叶涅槃重生后，又经储藏过程中时间的沉淀，普洱茶（熟茶）汤色更亮、味更醇、香更幽，汤色变得如岁月般沉稳，普洱茶细腻的美得以呈现。普洱茶不仅是一种饮品，更是一种文化象征，体现了新时代茶人追求本真的茶道精神。

（二）香美

普洱茶（生茶）的花香以梅、兰、竹、菊"四君子"中兰花的幽香清雅最为殊胜，普洱茶（熟茶）则以独特的陈香见长，二者集成了普洱茶清香、嫩香、毫香、花香、果香、蜜香、陈香、药香和沉香等丰富的香型。

茶的香气是茶叶中的芳香物质决定的，茶鲜叶中芳香物质含量为0.03%～0.05%，但经过普洱茶特殊加工工艺后，能促进芳香物质的增加，发酵后的普洱茶的芳香物质不但含量上有了增加，而且种类上也有很多变化，成就了越陈越香的品质。由于各厂家加工工艺和加工环境的差异，就有了伴随陈香（沉香）的各种花果香、草木香，如桂圆香、槟榔香、枣香、藕香、樟香和荷香等。普洱茶的陈香（沉香）透出醇厚的历史韵味，给人以无穷的诱惑。

普洱茶在历史发展的进程当中，皆能绽放自身独特的美。普洱茶（生茶）展示了它的自然美，普洱茶（熟茶）凸显了人类智慧美，普洱茶成为现代茶叶美学当中重要的一笔。

（三）味美

普洱茶是云南特有的地理标志产品，受气候土壤等环境的影响，茶树鲜叶中多酚类、生物碱类、氨基酸类、碳水化合物类等滋味物质的种类和含量丰富，茶叶滋味品质独特。

普洱生茶独特的加工工艺使其多酚类物质及其氧化产物、游离氨基酸、咖啡因、茶多糖等成分协同作用，滋味浓而富有层次，其中苦的层次、强弱、厚薄不同，由于地域不同，形成了版纳（州）浓强、临沧（市）浓厚、普洱（市）鲜醇、无量（镇）甜爽等独特的味蕾之美。

普洱熟茶在微生物固态发酵过程中，由于黑曲霉、酵母、木霉、根霉等微生物对茶叶发生了强烈的分解、降解作用，而产生了大量的可溶性糖、可溶性果胶及其水解物，水浸出物越丰富，茶汤滋味越厚重、浓稠。在微生物固态发酵过程中，80%左右的茶黄素和茶红素氧化聚合形成茶褐素，再加上较高的可溶性糖和水浸出物含量，奠定了普洱熟茶滋味醇厚，汤色红褐的物质基础。普洱熟茶可以用"藏之愈久，味愈胜也"来形容，这是普洱茶滋味甜绵、柔顺、滑润、甘活、浓稠、细腻等独特的舌尖之美。

第三节 韵味之美：韵味绵长的独特体验

韵，在现代汉语中常用义为风度、情趣、意味等，也指气韵、神韵、风韵、韵味等。普洱茶韵美是普洱茶"字韵"之美、"陈韵"之美和"时尚"之美的综合，体现了普洱茶原料、工艺、储藏之外的情趣和韵味。

一、字韵美

（一）"茶"字之美

从生机盎然的"茶"字我们可以看到，它如人在草木中，体现人与自然的和谐是人类理想的生存之地，也是人类获得健康的必要条件。茶要生长得好，需要土壤、空气、水分、光线等环境因素的协调做保证。人的健康亦如此，这是人与自然和谐统一的保证。有山有水，草木茂盛，万物生长，是人类生存的理想家园。

普洱茶艺术

普洱茶能赢得人们的青睐，有一点值得重视：好的普洱茶大多数生长在生态环境优异的地方。茶是大自然赐予人类的良药，茶叶中含有 700 多种化合物，普洱茶里有效营养物质和药效物质含量则更高，加之天然配比协调，进入人体之后，其全面有效的协调作用能使人体达到健身的功效。因此，"茶"被誉为是中国对世界的第五大贡献，"普洱茶"是 21 世纪人类的最佳健康饮料。

茶字从字形上看，左右对称，从平衡协调理论来讲，对称本身就是协调，协调就是美。中国古代"天人合一"就是一种平衡的最佳状态，孔子的中庸思想也是对平衡理论的运用。因此，凡是真正美丽的东西必然具有平衡、和谐的特点，"茶"字无疑诠释了一种和谐的精神。

品茶之人喜欢讲茶寿，最佳的茶寿为 108 岁，这是因为将茶字拆分相加为 108。这一数字又深受中华民族的喜爱，如 108 好汉、108 颗佛珠手串，都是在中华文化中有特殊意义的数字。

（二）七子文化

七子饼茶作为普洱茶中最重要的一个品类，以其独特的文化内涵而享誉海内外。

1. 彩云之南普茶源，圆饼紧茶筒七片

云南这片神奇美丽的红土地，孕育了生态、物产、风俗、文化的多样性。云岭一片小小的叶子，为云南的多样特色作了最好的诠释，那就是云南历久弥香的茶。普洱茶更是云南茶叶中一种款款行于千年时光里的传奇尤物，花色繁多，形状奇异，品质瑰丽，功效独具。

静静端详那传统名茶"云南七子饼"，难忘其"香于九畹芳兰气，圆似三秋皓月轮"。作为云南紧压普洱茶中的代表，云南七子饼茶以普洱散茶为原料，经筛、拣、高温消毒、蒸压定型等工序精制而成，以白绵纸包装后，每七饼为一摞用竹箬包装成一筒，古色古香，宜于携带及长期储藏。

"饼茶"最早见诸三国魏明帝时代张揖的《广雅》，云"荆、巴间茶叶作饼"。这里所提的"饼茶"，自然形成于三国之前。还有人认为七子饼茶是由宋代的"龙团""凤饼"演变而来。饼茶的制作究竟始于何时，尚无定论。

"云南七子饼"外形美观，酷似满月，在海内外华人中被视为"合家团圆"的象征。每每中秋月圆的日子，云南饼茶那圆圆的形象反映了中国人渴望团圆的民族心声。又称作"侨销圆茶""侨销七子饼"的云南七子饼茶，畅销于中

国港、澳、台地区及东南亚地区。故国家园梦,魂牵梦绕难割舍,普洱圆茶是寄托,在云南七子饼茶的沉香古韵里,茶情、乡情、家园情给了远离家乡故土的人们莫大的安慰。

把七饼圆茶捆为一筒,始为清朝的定制。《大清会典事例》载:"雍正十三年(1735年)批准,云南商贩茶,系每七圆为一筒,重四十九两,征税银一分,每百斤给一引,应以茶三十二筒为一引,每引收税银三钱二分。于十三年始,颁给茶引三千。"这里清廷规定了云南外销茶为七子茶,七圆一筒,是清廷为规范计量、生产和方便运输所制定的一个标准。

此外,单数在中国人的传统概念中,总是被推崇。"九"为至尊,"七"象征着多子、多地、多财、多福、多禄、多寿、多禧,七子相聚,月圆人圆,圆圆满满。"七"在中国和云南少数民族文化中是一个吉祥的数字。在云南少数民族中,七子饼茶常作为儿女结婚时的彩礼和逢年过节时的礼品,表示"七子"同贺,祝贺家和万事兴。

清末及民国时期,茶叶形式开始多变,如宝森茶庄出现了小五子圆茶,"雷永丰"号生产每圆六两五钱每筒八圆的"八子圆茶"。为了区别,人们将七个一筒的圆茶包装形式称为"七子圆茶"。

中华人民共和国成立后,云南茶叶公司所属各国营茶厂生产"中茶牌"圆茶。20世纪70年代初,云南茶叶进出口公司改"圆"为"饼",形成了"七子饼茶"这个吉祥名称。

2. 七字内涵寓意深,七子饼茶有哲理

民以食为天,这"食"关乎开门七件事:柴、米、油、盐、酱、醋、茶,缺一不可。食之便有滋有味,以从中品尝人生,品味生活,有"滋"也有"味",那么就有了鲜、嫩、酥、松、脆、肥、浓七种"滋",也就有了酸、甜、苦、辣、咸、香、臭七种"味",所以才有了人们口中的"七品人生"及"七味人生"。人们也常凭琴、棋、书、画、诗、酒、茶这七趣,在棋逢对手、对月弹奏、吟诗作画、饮酒斗茶间来追寻风雅。"七"在人类生活中被赋予浪漫气息的事、趣、味,使得人类的世界呈现出赤、橙、黄、绿、青、蓝、紫这般七彩的生活,应和自然界里充满神奇色彩的七色花、七色鸟,太阳的七色光,给人们构筑了一个变幻莫测的七色梦。

卢仝在收到新茶,独自煎茶品尝后,以神乎其神的笔墨,生动地描绘了饮茶一碗、二碗至七碗时的不同感受和情态,写就《七碗茶歌》。诗中写道:

"一碗喉吻润,二碗破孤闷。三碗搜枯肠,惟有文字五千卷。四碗发轻汗,平生不平事,尽向毛孔散。五碗肌骨清。六碗通仙灵。七碗吃不得也,唯觉两腋习习清风生。"尤其是"两腋习习清风生"一句,文人尤爱引用。茶对诗人来说,不只是一种口腹之饮,而且创造了一片广阔的精神世界。当他饮到第七碗茶时,似乎有大彻大悟、超凡脱俗之感,精神得到升华,飘飘然,悠悠然。

古代对数字七的崇拜,可能源于月亮周期,月初、上弦月、满月、下弦月,以七日为周期。此外,除了日月和五大行星之外(七曜),北斗七星也与数字七有关,不过其主要体现在北方地区。例如,黄帝族称北斗为"帝车",而黄帝部落联盟的重要成员有熊氏、轩辕氏,其名称均与北斗七星有关(西方称北斗为大熊星座,可能源于黄帝族的有熊部落。西方也存在数字七崇拜,可能同样源于中国。东西方文化的双向交流,由来已久)。

3. 普洱佳茗运昌盛,国际战略统美名

以七子饼茶为首的云南普洱茶正以前所未有的发展势头迅猛前进,蒸蒸日上,逐渐显示出国际化的迹象,将来必成为世界性的饮品。

二、陈韵美

普洱茶作为具有储存性质的茶叶,陈韵是普洱茶陈化之后产生的一种具有年份感的韵味。随着时间的积累,普洱茶也展现出了不同的陈韵美。

陈韵是时间的累积,记载着历史的痕迹,书写着社会发展的进程。它的美无须人为做作,需要的是树立科学观,理智对待普洱茶。陈韵也是茶的品质和风格,因时间发酵而带来了可溶性物质的转变,从而导致茶汤在厚重、甜润、耐泡以及口感的愉悦度方面会超越其他茶类。

陈韵是良好环境中生命体综合素质达到一定水平,展示于社会成熟丰富的美。

陈韵是品质达到最协调、最和谐的重要表征,普洱茶之美是和谐之美。

普洱茶陈香陈韵的美是精神和物质相统一的美,与社会物质文明和精神文明建设进程的相得益彰,遥相呼应。

茶是永恒的产业,它是健康的使者,美丽的呵护者。普洱茶性平,是"和"的化身,使人和中生财,和中养性。陈韵是静之结果,陈韵之美即静之美。

第四节　普洱茶与诗词歌赋的浪漫邂逅

普洱茶很早就被记载入册,在文人墨客的笔下被华丽的辞藻所描绘,留下一篇篇令人惊艳的诗词歌赋。

一、诗词美

我国既是"茶的祖国",又是"诗的国度",茶很早就渗透入文人的诗词之中。从最早出现的茶诗到现在,历时一千七百多年,诗人、文学家已创作了为数众多的优美的茶叶诗词,其中也不乏许多学者将普洱茶记录在册。清代学者赵学敏所著《本草纲目拾遗》中就提及普洱茶的药性及功能:"普洱茶清香独绝也,醒酒第一,消食化痰,清胃生津,功力尤大,又具性温味甘,解油腻、牛羊(肉)毒,下气通泄。"《普洱府志》有记:"普洱茶名重京师。"清代阮福《普洱茶记》云:"消食散寒解毒。"清代王士雄于《随息居饮食谱》中记:"茶微苦微甘而凉,清心神醒睡,除烦,凉肝胆,涤热消痰,肃肺胃,明目解渴。普洱产者,味重力峻,善吐风痰,消肉食,凡暑秽痧气腹痛,霍乱痢疾等症初起,饮之辄愈。"

普洱茶作为中国茶叶大家庭中的重要成员,与诗词的缘分也极为深厚。狭义的普洱茶诗词是指"咏普洱茶"诗词,即诗的主题是普洱茶,这种普洱茶诗词数量略少;广义的普洱茶诗词不仅包括咏普洱茶诗词,而且也包括"有普洱茶"的诗词,即诗词的主题不是普洱茶,但是诗词中提到了普洱茶,这种诗词数量相对较多。普洱茶早在清代就闻名于天下,达官贵人酷爱普洱茶,文人士子钟情普洱茶,不免因普洱茶生出诸多情思,吟咏普洱佳茗,那便是再自然不过的事情了。陆游、苏轼、黄庭坚咏诵茶留下了许多著名词作。苏轼《西江月·茶词》中"龙焙今年绝品,谷帘自古珍泉",所描绘的龙焙就是普洱茶,同时又刻画出了泡茶时优雅淡然的闲适之态。

古往今来,普洱茶诗词众多,涉及茶叶种植、茶叶采摘、普洱焙制、普洱入贡、普洱烤饮、普洱品饮、普洱药用、普洱荣誉、普洱茶山、普洱茶史、

普洱茶艺术

普洱茶贸、普洱茶艺、茶马古道、普洱茶节等诸多内容，这是普洱茶文化内容的精华，是普洱茶文化的重要表征。诗人将心中对普洱茶的情感化作一首首诗词，褒扬普洱茶人的辛劳与执着，赞赏普洱茶的性味、功效。普洱茶诗词具有茶香茶韵、文采飞扬、文字优美、语句情深之特点，文学价值和美学价值兼具。普洱茶诗词为普洱茶的文化传承与发展提供了强有力的引擎，伴随着普洱茶诗词的传播，普洱茶的美名和声誉将会更大，普洱茶因此流芳更远，长盛不衰。普洱茶诗词既反映了诗人们对普洱茶的热爱，也反映出普洱茶在中华茶苑和人们日常文化生活中的地位。

茶与文学的融合，使其深厚的内涵与悠久的文化发挥得淋漓尽致，也更贴近生活。茶文化在得到传承的同时也变得更加厚重香醇。本节选取一些具有代表性的普洱茶诗词佳作进行介绍。

清朝帝王对普洱茶的热爱可谓是到达了极致。乾隆的《烹雪用前韵》，把对普洱茶的喜爱表达得淋漓尽致。

烹雪用前韵
爱新觉罗·弘历（清）

瓷瓯瀹净羞琉璃，石铛敲火然松屑。
明窗有客欲浇书，文武火候先分别。
瓮中探取碧瑶瑛，圆镜分光忽如裂。
莹彻不减玉壶冰，纷零有似琼华缬。
驻春才入鱼眼起，建城名品盘中列。
雷后雨前浑脆软，小团又惜双鸾坼。
独有普洱号刚坚，清标未足夸雀舌。
点成一椀金茎露，品泉陆羽应惭拙。
寒香沃心俗虑蠲，蜀笺端研几间设。
兴来走笔一哦诗，韵叶冰霜倍清绝。

译文

陶瓷小盆盛放清水，轻盈剔透，胜过琉璃，石铛中敲火点燃松木屑。明亮的窗前有客欲饮茶，煮茶时文武火候需先分辨。

从茶瓮中取出碧绿的茶叶，圆镜般的茶汤忽然如裂。清澈透明不输玉壶中的冰，飘零的茶叶好似琼花点缀。

春天的气息刚刚驻留，鱼眼般的气泡开始泛起，建城的名品茶在盘中陈列。雷后雨前的茶叶都显得脆软，小团茶又让人怜惜双鸾的细腻。

唯有普洱茶号称刚坚，其清雅的标志不足以夸耀为雀舌。沏成一碗如金茎上的露水，品评泉水时陆羽也会感到惭愧。

寒香润泽心灵，俗世的忧虑被涤除，蜀地的纸笺和端砚在几案间隐没。兴致来时挥笔作诗，诗的韵味与冰霜相比，更显清绝。

煮茗

爱新觉罗·颙琰（清）

佳茗头纲贡，浇诗必月团。
竹炉添活火，石铫沸惊湍。
鱼蟹眼徐扬，旗枪影细攒。
一瓯清兴足，春盎避清寒。

译文

上好的茶叶是作为头纲贡品进献的，要品茗赏月必然少不了团茶。在竹制的茶炉中添上活火，沸水在石制的茶铫上翻涌奔腾。

随着火候的徐缓加热，水面逐渐浮现出鱼眼、蟹眼般的气泡，茶叶在水中舒展开来，仿佛战旗与枪矛般的细小影子逐渐聚集。

沏上一瓯清茶，已足以让人兴致勃勃，春天的气息仿佛洋溢其中，让人远离清冷的寒意。

普洱蕊茶

汪士慎（清）

客遗南中茶，封裹银瓶小。
产从蛮洞深，入贡犹矜少。
何缘得此来山堂，松下野人亲煮尝。
一杯落手浮轻黄，杯中万里春风香。

译文

有商人从南方带来珍贵的普洱茶，它被封裹在一只小巧的银瓶里。这茶产自深邃的蛮荒之地，即使作为贡品也显得非常稀少。

不知为何，我竟然有幸在山野的草堂中得到了这珍贵的茶叶。在松树下，

普洱茶艺术

我这位山野之人亲自煮茶品尝。

当一杯茶轻轻倒入手中,茶汤呈现出嫩黄的颜色,仿佛浮云般轻柔。而杯中的茶香,仿佛带着万里春风的芬芳,让人陶醉其中。

长句与晴皋索普洱茶
丘逢甲(清)

滇南古佛国,草木有佛气。
就中普洱茶,森冷可爱畏。
迩来入世多尘心,瘦权病可空苦吟。
乞君分惠茶数饼,活火煎之檐卜林。
饮之纵未作诗佛,定应一洗世俗筝琶音。
不然不立文字亦一乐,千秋自抚无弦琴。
海山自高海水深,与君弹指一话去来今。

译文

滇南之地,古有佛国之称,草木之间仿佛都弥漫着佛的气息。其中,普洱茶独具特色,它森冷而令人敬畏,同时也深受人们喜爱。

近来,我身处尘世,心中沾满了尘埃。身体瘦弱,疾病缠身,只能苦苦吟诗以抒发内心的感受。因此,我恳请你分给我一些普洱茶饼,让我在檐卜林中用活火煎煮。

饮下这普洱茶,我或许无法立刻成为诗佛,但它定能洗涤我内心的世俗之音,让我远离尘世的喧嚣。即使不能写下流传千古的诗句,品茶也是一种乐趣,就像独自弹奏一把无弦之琴,自得其乐。

面对高远的海山和深邃的海水,我与你弹指一挥间,谈论过去、现在和未来,让心灵在茶香中得到净化与升华。

赐贡茶二首(其一)
王士祯(清)

朝来八饼赐头纲,鱼眼徐翻昼漏长。
青箬红签休比并,黄罗犹带御前香。

译文

早晨收到的八饼上普洱茶,是皇帝赏赐给我的首批贡茶;煮茶器中沸水不断地翻滚，显得白天的时间越来越长。用竹叶和红签封住贡茶，黄色罗纱似乎还飘着皇宫的香味。

赐贡茶二首（其二）
王士禛（清）
两府当年拜赐回，龙团金缕诧奇哉。
圣朝事事宽民力，骑火无劳驿骑来。

译文

那年在两位重臣的府邸接受皇帝的赐茶回归，那龙团茶形似金缕，让人惊奇不已。现在我们这个圣明的朝代，处处为减轻百姓的负担而努力，因此无须再通过驿站的骑马传令兵将贡茶快速运送进京。

二、歌赋美

普洱茶出产于云南边疆少数民族地区，孕育发展了数千年，能歌善舞的云南人民在长期种茶、采茶、制茶、卖茶、饮茶过程中，沧桑岁月里积淀出丰富的茶歌茶舞，丰富了普洱茶文化的内涵，将普洱茶的神韵以及因普洱茶而形成的民风、民俗用具体的形象确切地表达出来。这些拥有很强表现力的歌赋，是普洱茶另一种生动活泼的表现形式。现简单介绍一下以普洱茶为题材的一些有代表性的歌赋作品。在清代和民国期间，宁洱县民间就流传着"早上先喝茶，迎客先敬茶，送礼先送茶，出门先带茶"的茶谚。澜沧县布朗族有《祖先歌》；在双江县，罗恒高先生搜集整理的《十二月茶歌》将茶区十二个月里面的生产与生活刻画得极为深刻；西双版纳州傣族有《采茶歌》及与茶相关的《情歌》，还有《茶山采茶对唱》《茶山行》《品茶民歌》等茶歌以及《驮茶进弯山》赶马调；柴天祥先生搜集整理的《喝茶要喝普洱茶》，毫不吝啬地赞美了普洱茶诸多美妙的益处；还有严宗玮先生作词，表现茶山古树珍贵的《茶山古树是珍品》等民歌。另外，当代的《普洱赋》赞美普洱绿色之国，妙曼之都，养生之天堂。

普洱赋
苍天有情，留一树碧叶，穿越万年风雨。

普洱茶艺术

沏一盏酽汤，氤氲千载历史。

滇国嘉木，盘山越岭，蜿蜒生息，绵亘不绝。

任风剥雨蚀，岁月轮转，兵燹战乱，刀光剑影，多少英雄豪杰，荒冢湮没。

唯奇树遍植山林之中，一叶孤悬而幸存者，普洱茶也。天下以茶命名者，惟普洱市也。

这段歌赋不仅描绘了普洱茶的自然生长环境和历史变迁，还融入了古滇国的地域文化和英雄豪杰的历史故事，使普洱茶的形象更加立体和生动。通过歌赋的形式，普洱茶被赋予了更深厚的文化内涵，成为一种文化的象征和精神的寄托。从"苍天有情，留一树碧叶，穿越万年风雨"到"沏一盏酽汤，氤氲千载历史"，读者仿佛能够穿越时空，感受到普洱茶与历史的交融和共生。这种审美意境的营造，不仅增强了文本的艺术感染力，也使读者在品味文字的同时，能够沉浸于普洱茶文化的深厚底蕴之中。"一叶孤悬而幸存者"，这种形象化的描绘不仅使普洱茶的形象更加鲜明，也表达了对其顽强生命力的赞美和敬畏。这种独特魅力的展现，使普洱茶在读者心中留下了深刻的印象。

这段以普洱茶为主题的歌赋具有丰富的文化内涵、深邃的审美意境、独特的魅力和古典文学形式之美，展现了普洱茶的深厚历史底蕴和独特文化魅力，具有很高的审美价值。

祖先歌（部分）
（澜沧县芒景村布朗族）

叭岩冷是我们的英雄，叭岩冷是我们的祖先。

是他给我们留下竹棚和茶树，是他给我们留下生存的拐棍。

《祖先歌》中提到的"叭岩冷是我们的英雄，叭岩冷是我们的祖先。是他给我们留下竹棚和茶树，是他给我们留下生存的拐棍"。这些内容不仅是对布朗族祖先的赞美，也是对普洱茶历史的一种追溯。普洱茶作为一种具有悠久历史的饮品，在布朗族文化中扮演着重要角色。这种历史与文化的融合，使得普洱茶不仅是一种饮品，更是一种文化的象征和艺术的载体。在《祖先歌》中，普洱茶被赋予了生存的意义。"生存的拐棍"这种表述，不仅揭示了普洱茶在布朗族日常生活中的实用性，也暗示了其艺术价值。普洱茶的制作过程本身就是一种艺术，从采摘、制作到品饮，都蕴含着丰富的文化内涵和审美追求。因此，普洱茶既是布朗族人生存的必需品，也是他们追求艺术生活的一种方式。《祖先歌》通过赞美祖先叭岩冷，表达了对布朗族历史和文化的深厚情感。普洱茶作为这一历史和文化的重要组成部分，自然也成了情感的寄托和传承的媒介。这种情感的寄托不仅增强了布朗族人对普洱茶的认同感，也使普洱茶的艺术价值在传承中得以不断升华。

双江县《十二月茶歌》（部分）
（罗恒高搜集整理）

正月采茶是新春，采茶姑娘穿新衣；姊妹双双唱茶调，春回大地气象新。
二月采茶天气好，惊蛰春风节令早；拉佤小妹干劲增，修沟挡坝备春耕。
三月采茶茶正发，科学采摘分枝芽；一芽一叶价钱好，明前春尖价更高。
四月采茶是清明，姑娘小伙不得闲；布朗傣家泼水节，节令催人快泡田。

西双版纳州傣族民歌《采茶歌》
（刀正明搜集整理）

喂诺！采茶的姑娘心高兴，采茶采遍每座茶林。
就像知了远离黏黏的树浆，无忧无虑好开心。
我们要以茶为本，年年都是这样欢欣。
喂诺！青青茶园歌声飞扬，歌声伴着笑声朗朗。
笑声是这样喜悦和甜美，声声在茶林中回荡。
姑娘的歌声哟！让采茶的人们心欢畅。

傣族民歌《茶水泡饭》

阿哥哟！欢迎你到妹的家中歇脚，
妹的家里哟！只有红锅炒黄花，
只有清水煮野菜，只有粗盐拌饭吃哟！
只有一碗茶泡饭，阿哥若嫌妹家穷，
请把黄花拿喂鸡，请把野菜拿喂猪，
请把盐巴拌饭喂黄牛哟！
请把茶水泡饭还给妹……

送茶歌

客来坐起一碗茶,少女手上一枝花,
喝下暂且解疲乏,莫管味道佳不佳。

茶谚《雷打不动》

早茶一盅,一天威风;
午茶一盅,劳动轻松;
晚茶一盅,提神去痛。
一日三盅,雷打不动。

门巴族之歌《像茶色那样金黄》

你把香茶煮上,你把酥油搅上;
你我爱情若能成功,就会像茶色那样金黄。

白族之歌《四句调》

韭菜花开细浓浓,有心恋郎莫怕穷;
只要两人心意合,冷水泡茶慢慢浓。

凤庆县《茶山男女对歌调》

(女)想郎不见郎的家,只望清明茶发芽。
(男)郎住高山妹在坝,要得相会要采茶。
(女)阿哥想诉心中事,半吞半吐总害羞。
(男)阿妹聪明又风流,一说一笑一低头。
(女)郎似山中红茶花,爱山爱水更爱家。
(男)小妹伶俐顶呱呱,白草帽插红茶花。
(女)迎春桥下水汪汪,雨后春茶绿满山。
(男)妹是春尖郎是雨,润妹心来润妹肝。
(女)非是阿妹好打扮,我是明前春尖正抽条。

双江县《采茶求亲调》

男:哥家住在勐库坝,采茶缺个勤快人。诚问阿妹心可愿,嫁到哥家来采茶。

女：妹采茶来哥背梦，贴心话儿互相说。想采茶花莫怕刺，上门提亲请媒婆。

永德县《茶山情歌》
哥：三月天气热哈哈，手捏锄头不想挖，不想挖地是想妹，粗茶淡饭做一家。
妹：妹家茶园茶开花，哥来挖地莫哑巴，妹有心计跟哥走，快包茶礼见爹妈。

驮茶进弯山
三月阳春布谷叫，赶起驮马进弯山。
粗茶细茶都驮走，不给回马背空鞍。

普洱茶
（作词：薛柱国）
西双版纳美如画，高山云雾出好茶、出好茶。
花在云中开哟，叶在雾中发，根浇清泉水呀，枝披五彩霞。
请上茶山走一走，茶林铺翠绿天涯，歌随茶香飘天外，普洱名茶传天下。

茶香随你走天涯
远方客人请留下，登上竹楼到我家、到我家。
大爹揉新茶哟，清香屋里洒，大妈竹筒烤呀，色美味更佳。
饮过一杯普洱茶，难忘高山俊尼家，茶味不尽情不尽，茶香随你走天涯。
茶香随你走天涯。

普洱茶乡，人间天堂
（作词：周应）
在七彩云飘动的地方，有一片绿海翻卷着波浪，
在绿海怀抱中央，有一颗明珠闪耀着光芒。
山高水长，风景如画，四季如春，鸟语花香。
在太阳鸟歌唱的南方，有无数民族山寨和村庄，
人民勤劳淳朴善良，为大地梳理着迷人的新妆。
松涛澎湃，胶林成行，茶园青翠，稻米芳香。
啊——啊——这就是那美丽富饶的茶乡，这就是我那可爱的家乡，

这就是那美丽富饶的茶乡，这就是那人间天堂。

这就是那人间天堂。

喝一杯普洱茶你再走
（作词：邝厚勤）

赶远路的哥哥你留一留，喝上一杯普洱茶你再走，

普洱茶香悠悠，片片采自妹妹的手、妹妹的手，

解困又解乏，润肺又润喉，喝了这杯茶咿呦喂，

炎夏爽三伏，寒冬暖三九。

普洱茶情悠悠，片片采自妹妹的手、妹妹的手，

温心又温梦，解忧又解愁，喝了这杯茶咿呦喂，不怕风雨狂，不怕山路陡。

喝了这杯茶，哥哥你慢些走，阿索威，哥哥你慢些走啊哎，慢些走、慢些走。

茶山行

东边梁子西边坡，坡尾坡头台地多。

远看行行披翠绿，近看道道棵挨棵。

春来巧手采芽嫩，秋至谷花成饼沱。

红绿皆优正品味，馨香爽口唱茶歌。

品茶民歌

品茶不过喉，喉间稍停留。

细品后吐出，还要漱漱口。

再品另碗时，品法还依旧。

细品辨优劣，识别茶火候。

普洱茶似佳人，佳人仪态万千，人们不仅仅用诗词楹联来表现普洱茶的百态，更是以歌曲的形式来展现，关于日月星辰、关于山川河流、关于风土人情，唱历史、唱亘古、唱自然，唱盛情，歌深情。每一歌词、每一音符，都是对普洱茶的赞美与钟爱，为人们奉上一杯香高郁馥的普洱茶，让人们领略到那源远流长的普洱茶的甘醇、陈韵、芳香及其无穷的魅力。

普洱茶的歌谣宛如普洱茶一样，清新自然地诉说着它的故事。有马帮的故事，也有家乡的茶香。人们通过这一支支歌谣崇拜着大自然，也感激着这世间

所给予的最美好的馈赠。

第五节　哲学之美：普洱茶与人生智慧

哲学是美学的基础，而哲学美学是哲学的分支学科，是从哲学角度来研究美及审美问题的科学。它与艺术哲学的不同点在于，它是用哲学的观点研究美，包括自然美、技艺美、社会美和艺术美，而艺术哲学主要是用哲学的观点研究艺术。唐代陆羽所著《茶经》，详细记述茶的栽培、采摘、制造、煎煮、饮用等，还将茶的制作，饮用上升至美的哲学概念。为观茶汤之美，选用精美的茶具；为赏茶叶之美，革新制作技艺；为嗅茶之香，烧制专门的闻香器具；为鉴茶之味，提出茶之冲泡技艺。普洱茶因清代成为皇家贡茶而闻名，此后备受推崇。或因口感，或因文化，或因其功效，或是符合人们对生活的追求，使普洱茶在众多茶类中独树一帜，长盛不衰，同时，也形成了自身独特的哲学美。

一、哲学角度的普洱茶自然美

普洱茶作为美的载体，彰显着东方哲学人与自然的和谐之美。中国人以阴和阳的对立变化来阐释纷繁复杂的人间社会的情感和事物，解释四季变换和万物生长，阴阳相互协调配合，流转有序。中国式哲学之精髓在于天人合一、自然而然的生命体验，许是美不自美，因人而彰；心不自心，因色故有。《易辞·系辞上》提到"形而上谓之道，形而下谓之器"，这就是哲学中著名的辩证概念——抽象与具体。普洱茶之美先具体而后抽象，带给我们的不仅是物质享受还有精神熏陶。自然美的本意即自然而然、自然率真，因而用它来形容普洱茶可谓非常契合。普洱茶在美学方面追求自然之美、协调之美和须臾之美。普洱茶的自然之美，虚静之美与简约之美的融合，赋予了美学以无限的生命力及艺术魅力。

二、哲学角度的普洱茶技艺美

普洱茶技艺包括生产、加工、冲泡等术的范畴，普洱茶技艺美在本质上是艺术思想和艺术行为的彰显。关于技艺美,庄子中有提及"技不离道,道法自然,技进乎道,道以技显;巧匠皆能顺乎天道,外师造化,中得心源;纯然忘我,沉醉技中,得心应手,超名脱利"。这也说明了普洱茶技艺美要求茶人具有"忘我沉醉"的态度、心源自学和"外师造化"结合的理念,不断修技进益,最后达到"道法自然"的最高境界。庄子哲学首倡"道法自然",这种"自然"不是指自然界而是指自然而然。生产、加工、冲泡普洱茶技由心生,手随心动,而茶人"得心应手"的高超技艺正是这种"道法自然"观的体现。

三、哲学角度的普洱茶社会美

普洱茶社会美是人类在现实生活中通过物质性的普洱茶生产加工等实践和其他茶事活动创造的美,主要有三种表现形式:劳动成果之美、人物身心之美及生活环境之美。劳动成果之美包含满足实用的功利美与满足感官的形式美;人物身心之美包括外部的形体美、仪表美与内在的心灵美;生活环境之美包括硬件设施的形式美与思想道德建设的风气美。随着生产力的发展及科技水平的提高,人们的审美意识在不断提高,人们对美的追求也呈现出多样化、个性化的特点,从而体现为人们的形体仪表、日用商品、生活环境不断向满足感官愉快的形式美方向发展。

"纸上得来终觉浅,绝知此事要躬行",社会实践是美的源泉。而社会美不仅是人的实践之美,也是人的心灵之美。正所谓,"美者自美,吾不知其美也,美而不自知,吾以美之更甚"。美不是自美其美,恃才而骄傲被人轻视,贤德而谦虚更受人喜爱,不精不诚也不能动人。"美"既有内容的美,又有形式的美;既有客观存在的美,又有主观投射的美。一箪食、一瓢饮是生活之美;谈笑有鸿儒、往来无白丁也是生活之美。

四、哲学角度的普洱茶艺术美

艺术美是艺术的重要特性,普洱茶品就是艺术品。艺术美是艺术家在生活基础上的一种创造,是心与物、情与景的融会贯通,这体现着主观与客观的统一。法国哲学家卢梭曾说:"人生而自由,却无往不在枷锁之中。"在艺术的审美领域中,艺术就是人戴着枷锁的舞蹈,有其章法和规则,是理解之后的感性思考。艺术是理念感性的体现，美即是自由。艺术创造不是简单地、机械地再现生活而是要源于生活，高于生活，艺术美也是在生活中凝练的美学思维。万事万物皆可以为美的写照，皆是美的升华。

自然美、技艺美、社会美和艺术美融为一体在普洱茶事的各个环节都有体现。陆羽在《茶经》中记载："茶之栽培，上者生烂石，中者生砾壤，下者生黄土。茶之采摘，紫者上，绿者次；笋者上，牙者次；叶卷上，叶舒次。茶之制作，日有雨不采，晴有云不采。茶之为饮，发乎神农氏，闻与鲁周公，味美甘甜。"

普洱茶作为一种时尚饮品，品饮普洱茶是一种物质与精神的双重享受，是一种艺术美，又是一种修身养性、明心广志的途径和方式。凡品普洱茶者，得细品后啜，三口方知真味，三番才动人心。或以茶喻德，或以茶育德，从普洱茶的品饮中更多的是体悟人生，阐述人生。

在美的世界中审美对象可以独立存在，审美却能体现出它最有价值的一面，换而言之，美感也是我们人生中最具价值的一面。艺术本就是人们对人生缺憾和不足的一种追求，它与人们所处的现实有一定的距离。美感拉近了这种距离，从某种意义上说人们所追求的美感就是在拉近与内心深处理想与追求的方式。

《礼记·大学》提出"格物致知"，即通过实在的物去探索知识，获得智慧与感悟，而我们所追求的美感也可以通过现实之物达到。无论是八大雅事"琴棋书画，诗酒花茶"，还是日常七件事"柴米油盐酱醋茶"，茶都能相称其间，因此茶必然是与众不同的。在物质生活与精神生活的转换中，在"雅致"与"日常"的对照中，普洱茶的多元身份转变给人以不同体验。

五、哲学角度的普洱茶辩证美

普洱茶的生茶和熟茶之分，正契合了中国传统文化中的阴阳哲理。生熟之间，普洱茶带给人的感受是阴阳调和，气象万千。国学经典《易传·系辞上》提到"易有太极，是生两仪。"作为大自然的绝佳之作，普洱茶也深得此中意。古人有云"一阴一阳谓之道"，阴阳既是对立统一的辩证关系，也是中国传统的哲学精神。普洱茶（生茶），以晒青毛茶制成，茶性刺激，浓烈；普洱茶（熟茶），采用人工微生物固态发酵工艺制成，茶性温和，滋味甘滑，醇厚。普洱茶的一生一熟，各有不同的风味和口感，却相互构成一体，也是传统文化"一阴一阳"的重要体现，合乎"太极生两仪"之理。而生茶和熟茶也并非绝对静态，生茶和熟茶都可以在时光流转中陈化升香，从不成熟走向成熟，从不完美走向完美，代表了阴与阳的转化与调和，这种调和带来一种圆融、和谐、运动、变化之美。

生茶富含茶多酚，性属清凉，有清热消暑解毒，减肥，止渴生津等功效；熟茶性温，可暖胃，减肥，降脂等功效。一生一熟，其具两性，温热寒凉，交替之间，独具疗效，也含辩证之美。

六、哲学角度的普洱茶品格美

普洱茶型分方形（方砖等）和圆形（饼茶、沱茶等），这正是中国方圆文化的一种象征，方中有圆，圆中寓方，方圆有度乃为大成。知世故而不世故，懂圆滑而不圆滑，正是对方圆文化最好的解读。孟子曰："规矩，方圆之至也。"方为节操与品格，圆为周到与变通，方圆之间既是中国中庸之道的智慧，也是中国辩证思维的体现。"外圆内方"是一种君子的品格，也是中庸之道智慧的体现。清代普洱茶成为贡茶之后，流行至今，不衰反盛，其势盛行，其品受崇，由此可见普洱茶独特的魅力。

第五章　普洱茶与民族文化的深厚渊源

民族茶文化的形成与民族所在区域的地理自然条件、历史条件、人文条件有着密不可分的联系。普洱茶民族茶文化的发展不同于一般茶文化所呈现出来的那样，具有明显的发展顺序特征，独特的自然地理条件及丰富的少数民族文化使得普洱茶民族文化呈现出历史性、原生态性、多样性、亲和性和兼容性特征。普洱茶文化与各少数民族的民族意识、民族气质、民族品格水乳交融，形成了丰富的民族茶俗。普洱茶文化从最初的反映社会交往、宗教葬礼活动的物质文化，演变成反映当代少数民族对美好生活、崇高境界追求的精神文化。

第一节　茶文化的艺术内涵

一、茶精神是茶文化的基础和灵魂

中国茶学泰斗庄晚芳先生提出了茶德精神，即"廉、美、和、敬"，其含义是要"廉俭育德、美真康乐、和诚处世、敬爱为人"。所谓的茶德，是指人在品茶过程中形成的道德和品行，以及追求真善美的道德风尚。对于茶人的道德要求即通过茶和茶艺活动而达到一种深层次、高品位的思想境界。现在茶业界有不少有识之士提出了"以茶代酒""以茶敬客""以茶会友""以茶养心"等高雅的茶事形式,就是要通过饮茶使人更宁静、更淡泊、更高雅,通过饮茶来陶冶人的情操、净化人的心灵,通过饮茶给人们带来乐趣,带来友谊,带来幸福。更为重要的是,让祖国的下一代在饮茶中耳濡目染、潜移默化地接受我国优秀传统文化的熏陶,成为传统文化的继承者和发扬者。茶圣陆羽在《茶经》中也说道,"茶之为用,味至寒,为饮最宜精行俭德之人",其早已将茶德归纳为饮茶人应当具备的俭朴美德,并不再单纯地把饮茶当作满足生理需要的行为,而是修身养性的高雅活动。唐末刘贞德也在《茶德》一文中解读了茶德的内容,"以茶表敬意""以茶利礼仁""以茶可雅志""以茶可行道",让人对茶德的内涵有了进一步的理解,提升了饮茶的精神要求。

　　茶艺作为中华茶文化的艺术展现形式和主要文化内容,为源远流长的中国茶文化历史发展进程增添了亮丽的一笔。茶艺是艺术的表现,茶道是精神的修为,艺与道作为两大核心内容丰富了中国茶文化的内涵世界。茶文化的精神也融入了人才教育培养中,将弘扬茶文化、传承茶精神作为茶艺之"魂",以此来弘扬博大精深的中华茶文化,并以之为文学叙事追求的目标和宗旨。每一种茶都融入了生产地的风俗习惯及人文氛围中,并且在茶艺叙事的艺术作品中植入渗透。茶艺表演作品主题与叙事的文化精神内涵的相互结合、融会贯通,使人们在欣赏艺术作品和品茗饮茶的同时,也感悟了生活的真谛、人生的理想,并净化了精神世界,陶冶了情操。而茶精神是在茶文化的历史发展过程中通过长期积淀而形成的思想共识,虽然有旧时代的局限性,但也具备了新时代的成长性。因此,提炼茶精神要与当代价值观相融通,使之成为当代人民美好幸福生活的积极追求。

　　中国传统哲学倡导的中庸之道,是修身养性之道,是为人处世的准则,是中国传统文化的道德范畴,也是中国茶道的精神内涵和修为境界。中国人历来以拥有中庸思想为美德,中庸的思想品德影响人们的为人处世,要求待人接物非常适中,恰到好处,不偏不倚,行为举止也中规中矩,不越过底线,也不走极端,不急不躁,恬淡而中和,使茶人展现出一种平和、儒雅、谦恭的形象。《礼记·中庸》云:"喜怒哀乐之未发,谓之中;发而皆中节,谓之和。"这里的"中"是指心处于一种自然的状态,不冲动、不偏激;而"和"的意思是不偏不倚,有理有节。"和"是中国茶道思想的核心,涵盖自然、社会、人类各个方面。人与自然、人与人及人自身、人与社会的和谐都在"和"的范畴中。"中也者,天下之大本也;和也者,天下之达道也。"我们追求的目标是人与人之间诚信友爱,人与自然和谐相处,人与社会融洽协调。无论是自然界,还是人类社会,只有达到了中和的境界,才会天地有序,万物向荣,即使人生遇到了各种酸、甜、苦、辣,都能够以平和之心平淡地应对。

中国茶艺审美意识的特征是雅致的美。茶在大自然的怀抱中孕育,得天地之精华,禀山川之灵气,形成了其特有的平和与淡雅。其所蕴含的特质,与中国人谦恭俭朴、温文尔雅、恬淡怡然的性情最为贴近。通过茶、茶事活动和茶道,人们可以陶冶情操,变得更优雅,心灵更清净。儒雅并非仅仅是茶艺活动和茶艺表演中展示出来的一种外在表象特征,而是茶人的素质修养及茶德精神。茶道中的"和"与儒家的"义"、茶道中的"敬"与儒家的"礼"、茶道倡导的"真"与儒家的"信",这些都是相通的。人们通过饮茶来修身养性,在茶中感悟人生哲理,不断追求茶艺审美中的真我境界。因此,茶艺审美在提高人的审美品位和情趣的同时,也净化了人的心灵,丰富了人的情感,而茶精神因其作用巨大而在茶艺叙事中影响深远。

二、茶的艺术表达是茶文化的重要形式

叙述的视角,是在叙述的话语中对故事的情节内容进行审视和描述的特定角度,可分为:第一人称叙述、第三人称叙述和人称变换叙述三种类型。茶艺表演中的文学叙事,一般来说都是运用第一人称叙述,但在讲述历史典故时,也有少量运用第三人称叙述的。

以茶艺作品《古今寻茶》为例,表演者用了采茶女、寻茶人、茶艺人等"茶主人"身份,用第一人称来进行叙述,准确地表达了身临其境的感受和喜怒哀乐的心态,并增强了叙事艺术的真实性和表现力。为了达到淋漓酣畅、一气呵成、高潮澎湃的叙事效果,表演者要努力使自己尽快投入叙事情节中,消解历史事件的遥远性和陌生感,把握与角色身份之间的差异性和认同感,克服演出时的紧张情绪和分心等负面心理因素,将整个身心都沉浸到故事和角色之中去,这样才能达到叙事的效果和要求。例如,在表演中,三位茶主人分别穿越回到了唐、宋、明时期,运用配乐古诗文朗诵,把人们带回到天下忧乐、人世痴情的茶文化的繁盛岁月,还原了当时的冲泡技法,引出了能令人惜时、乐生、钟情的普洱茶。然而这些只是故事的铺垫,叙事的重点环节还在于三位茶主人穿越时空,在今天将唐、宋、明三大盛世的茶文化重新演绎。表演者要坚定自己是特定历史时期的"茶

主人",不受他人的干扰,又不能忘却传承发扬博大深奥茶精神的历史使命。只有这样,才能在前期叙事铺垫的基础上,着重于呈现冲泡技艺和品饮方法的环节,由此把普洱茶的历史积淀和文化内涵展示得淋漓尽致。

  茶艺叙事的表现力如果想更准确生动,就要求叙述者要准确地把握情感,让故事的高潮情节水到渠成,同时也要高度注重语言的锤炼和表达。语言的锤炼,要求叙述者在艺术作品的语言上认真琢磨,反复推敲;语言的表达,需要通过大量的语言实践去形成丰富的语言经验。在茶艺表演的解说词的处理上,更要注意这个问题。茶艺表演是安静的艺术,通过冲泡技艺及肢体语言来表现主题内容和中心思想,在表演时不开口说话,表演前可以进行适当的讲解。一般来说,在表演前可以简要地将节目的名称、表演者单位、姓名做一个简单介绍,节目的主题和艺术特色在表演过程中也可适当讲解。范例:南昌女子职业学校茶艺表演团在表演《禅茶》节目时,只是在表演前做了简要介绍,为了让观众能全神贯注地观赏节目,节目开始,音乐响起后就没有只言片语,全场都沉浸在宁静的禅境之中,此时无声胜有声,所有语言都已经涵盖在其中了。

  茶艺表演中的文学叙事,主要通过解说者的口头语言表达出来。即便是写出了再好的文字,如果没有准确的理解和精确的表达也是白费工夫。要把语言训练好还要有重要的外在"功夫",即茶艺表演者对茶要有"真爱"。蔡荣章先生认为,茶叶冲泡的过程,本身也是一种个性发展的表演艺术。如果我们只是为了比赛、为了表演而去"比赛"或"表演",只追求泡茶步骤的完整和成绩高低,又怎能进入"真正的茶境",表达出"真正的性情"?那样,文学叙事的语言只能模式化、固态、僵硬和直白地陈述,并不能将其中的意蕴表达出来。因此,茶艺师要学着做一个"爱茶人",并且把茶的廉俭育德、美真康乐、和诚处世、敬爱他人的丰富内涵融于自己的生活中,融入洁器、暖杯、冲泡、奉茶和品饮的冲泡全过程。文学叙事在茶艺表演作品中的科学处理和正确运用,需要表演者茶艺技能的提升和文化素养的丰富,这就要求教学者将其有效地落实到日常的教学和训练之中。教学中要增加茶文化内容的课程,丰富学生的文化素养,扩大学生的知识量,训练中要培养学生的领悟力和创造力。

  有继承才能有创新,有创新才能有发展。中华茶文化源远流长,唐宋时期的茶文化已经非常繁荣了,如今我们从当代人精神生活需求的审美层面,去探究中国古代传统审美与茶文化的接受、传播以及衍生形态之间千丝万缕的关联,应当梳理的是茶文化的精神内涵与中国传统文化的审美特征这两者之间的渊源。茶叙事就是对茶及相关的艺术活动进行叙述刻画,将茶及茶事活动中的生活"美"以诗化的形式呈现在人们面前。以茶艺叙事为切入点,在当代人以"诗意地栖居"为精神追求的前提下,推动茶文化的传承和发展,提高茶文化在当今社会及世界的影响力,使茶文化成为中华传统文化的代表,让更多的人热爱茶、热爱茶文化。

三、茶的历史底蕴与积淀是茶文化的起点

历史悠久的中国茶文化,蕴含着中华民族传统文化的精华,是从古至今中华儿女智慧的结晶。中国茶文化反映了不同历史时期、不同社会阶层的人们的价值观念和审美取向,体现了特定历史背景下人们丰富的精神世界与审美追求,具有丰富的文化内涵与审美特质。社会在飞速发展,文明在不断提高,中国茶文化已经逐渐成长为具有中华民族文明代表特质的审美文化。

中国茶文化的本质追求就是审美,是一种蕴含民族特性的审美文化。中国茶文化形成、演变、发展和成熟的过程,也是从古至今茶人审美不断发展的过程。中国茶文化在社会进步的历史过程中,不断丰富自身、充实内容,形成了独特的审美意蕴。中国茶文化的审美意蕴,反映了古代人的审美意识由低级向高级的转变。而这种审美意识是一种模糊不清、若隐若现的认识,并没有得到系统和理论的表述,只是经过审美的实际举动体现出来了。茶是农作物的一种,在以农为本的中国,与其他农产品一样成为人们日常生活的所需,经历了从发现到被使用的过程。随着历史的不断发展进步,茶逐渐普及到了社会的各个阶层,尤其是得到了来自宫廷的肯定和文人的推崇,人们对茶的审美也由初级的审美意识开始向高级的审美意识转变。茶,作为具有特殊功能的饮品,逐渐与人们的修身养性联系在一起,这使茶超越了它的自然功能,成为一种表达理想和情操的寄托。虽然至此还没有一套规范完整的理论来解释为什么会将茶与人的美好品格相关联,人们的审美意识为什么会与茶结缘,但是却反映出人们自觉地、有意识地在饮茶中进行着审美实践。茶文化从中国传统美学思想的土壤中吸收营养,创造出自己的审美形态,在历史的演进中,始终扎根在深厚的中国传统文化中,它的审美意蕴也受到了中国传统美学思想的影响,融合了中国古代儒释道的哲学思想精华,形成了以"中和之美"为代表的传统审美形态。

中国茶文化在经过历史的积淀后更加丰富,其中的核心是茶道和茶艺的精神,中国茶文化审美的主要表现是茶道之美和茶艺之美。《周易》曰:"形

而上者谓之道，形而下者谓之器。""形而上"指的是道，是事物内在的本质与思想精神；"形而下"是具体的实物，或可以触摸到的东西和器物。茶道是茶文化的内在本质与思想精神，看不见也摸不着，但却可以用心去感悟，是形而上的；而茶艺是茶文化的外在具体表现形式，能看得见也摸得着，是形而下的。茶道与茶艺，相对独立又相互融合，如果有道无艺，道也只是缺乏实践的空洞理论；如果有艺无道，艺只会流于形式层面而失去内在的神韵。

通过茶道、茶艺表演等艺术媒介，人们对茶文化的基本概念形成一个整体性认识后，首要的任务是研究茶文化中所体现的中国传统文化的精神内涵，以及茶文化的审美特征，从而达到圆融通畅的意境美。《乐记》中曾提到，"人生而静，天之性也，感于物而动，性之欲也"，说明了古人对于"静"这种审美状态的根本性地位的认可，体现在茶文化中，主要是在种茶、制茶、烹茶、品茶等方面呈现出宁静祥和的美感。由此而领悟茶文化的魅力，那清静幽雅的自然之美，正是历来茶文化所追求的审美目标。茶艺表演实质上是茶文化突破媒介的制约，在时间和空间上达到一个均衡的艺术表现形式。如今的茶艺表演，虽然已经脱离了原始的配乐喝茶的模式，但是却以文化为基石，融入了更丰富的艺术内容，为茶艺表演中的叙事增加了更加深厚的底蕴。

茶文化是中国人文化生活中的有机组成部分，茶文化的影响力也日趋全球化。与现代化快节奏的都市生活不同的是，茶文化更加虚静怀柔，并能够包容不同种类的媒介方式，产生出带有茶文化烙印的新的媒介。茶文化能够给人以沉静如水的安宁，也能给人以简约的温暖，让人们在社会工作的奔波忙碌之余，获得一方使心灵安静的休憩天地。现代人要"诗意地栖居"，就要将茶文化贯穿于生活中，使生活充满文化气息。

第二节　普洱茶民族文化的形成与特点

一、普洱茶民族文化形成条件

（一）自然条件

普洱茶民族文化的形成需要依托良好的物质基础。在民族文化发展初期，自然环境对民族文化的影响尤为明显。云南地势西北高东南低，海拔差异大，河流纵横，山谷交错，气候垂直变化和三维气候特征显著。气候的多样性导致了生态环境的多样性，不同的生态环境又导致不同地区生产生活方式的差异，继而使得地区的文化也呈现出多样性的特征。茶树适宜气温在 16～25℃，温暖、潮湿的环境下生长，需要种植在土质疏松、土层深厚、透气性好、排水性好的弱酸性土壤（pH 值在 4.0～6.5）中。茶树是叶用作物，其生长对漫射光的需求量很大。云南茶区年温差小、日夜温差大、降水充足、无霜期长、空气清新、阳光透过率高、日照时间长，漫射光多，大部分土壤 pH 值在 4～6，非常适宜茶树生长。云南优越的气候为茶树生长提供了必要的自然条件，同时也为普洱茶民族文化的形成提供了良好的物质基础。

（二）人文条件

云南地处西南边陲，少数民族众多，位于北纬 25°以南的滇西、滇南澜沧江两岸山区丘陵地带的温凉、湿热地区主要居住着汉、哈尼、彝、傣、拉祜、佤、布朗、基诺、回、瑶、傈僳、白、苗、壮等各族人民。这些地区在中华人民共和国成立以前都是云南大叶种茶的主产区，茶事活动与当地人的生活息息相关，在经年累月中，茶文化也深深地渗透进了各民族的血脉里。

随着历史的发展和社会的变迁，基于不同的生产活动和生活方式，各个民族在不断的交流中形成了同一民族大分散、小聚落的分布格局。根据云南的地形地貌和民族聚居地分布，可将云南地区的民族文化划分为坝区河谷文化、半山区文化、高山区文化三种类型。

不同文化地区有不同的茶俗活动，不同民族的茶文化也有不同的特色。云南北部高山区常年气候湿润、寒冷，同时由于地处边远山区，与外界联系较少，这使得该地区的普洱茶文化更原始、更具地域性。为了驱寒增热，该地区民族保留了较为自然独特的饮茶方式，好喝土罐烧茶、酥油茶。云南南部的低海拔半山区和河谷坝区常年湿热，是茶树生长条件最好的地区，因此布朗族、德昂族的先民最早对茶树进行培植。日常生活中，该地区民族与周边民族的联系紧密，这使得不同民族文化之间产生碰撞，从而促使民族茶文化发生变迁。为了解暑、提神、开胃，该地区民族以及周边民族好喝酸茶、凉拌茶和竹筒茶。

自古普洱茶就被云南各民族所运用，他们在与茶相伴的数百年里，都形成了具有本民族鲜明特征的民族茶文化。不同民族有着各自的历史、文化、心理，现代发展历史对云南各民族文化的冲击,是民族文化不断适应与重新整合的过程,也是一个文化变迁的过程。文化变迁是导致现代普洱茶民族文化出现较大差异的重要因素。云南各民族始终处于不断联系的状态,不同民族的茶文化碰撞融合,推动茶文化的变化。云南民族地区复杂多样的自然生态环境、特殊的社会历史文化以及各民族的迁徙、交流和碰撞,共同形成了云南独特的普洱茶民族茶文化。

二、普洱茶民族文化的特征

(一)历史性

普洱茶历史悠久,民族文化底蕴深厚。滇西南澜沧江流域土壤气候适宜茶树生长,是世界茶叶和普洱茶的产地中心,勐海南糯山800余年的栽培型古茶树,勐海巴达1700多年的野生古茶树和普洱邦崴1000余年的过渡型古茶树,被誉为"世界三大古茶树王",它们是证实茶树原产于云南的活化石。还有在云南景谷盆地发现的距今约3540万年的"景谷宽叶木兰化石",在云南景谷、澜沧、临沧、沧源、腾冲等地发现的距今约2500万年的"中华木兰化石",这也为滇西南澜沧江流域是茶叶原产地提供了依据。这些自然资源的发现,对探索澜沧江流域地质变化、气候变化和植物演化具有重要价值。

据《蛮书》记载,银生城地区有产茶,当地民族也有自己的茶叶种植、制作和使用方法。这个地区的民族目前也被认为是最早懂得种植普洱茶的民族。

普洱茶还曾是历史上滇西南边疆各族人民重要的贸易商品,是普洱、西双版纳等茶产区少数民族的主要经济来源。早在唐代普洱茶便已经运至西蕃(包括今西藏和四川省凉山州)。至宋代,茶马市场形成,极大地促进了中原与西南边疆的交流。从清代道光到光绪初年(1821—1876年),思茅市有大量的茶叶贸易,有记载:"有千余藏族商人到此,印度商旅驮运茶、胶(紫胶)者络绎于途",来自印度、缅甸、泰国、越南、老挝和柬埔寨的商人皆因普洱茶穿梭于西双版纳、思茅和普洱之间。这些记录都反映了历史上普洱茶市场的繁荣。

(二)原生态性

原生态文化是指在一定时期,特定地域的特定人群以特定方式产生的某种文化形态。普洱茶民族文化就具有明显的原生态文化特征。普洱茶在很多民族文化里都完全可以成为重要的文化象征符号。

普洱茶承载着古老的民族风情，滇西南澜沧江流域是普洱茶的故乡，也是世界茶叶产地的中心。这里有野生型古茶树、过渡型古茶树和栽培型古茶树生存的证据，这些古老的茶树保持了原始的自然风貌，体现了原始生态的自然。据《蛮书》记载："扑子蛮……开南、银生、永昌、寻传四处皆有。"史学家方国瑜根据史料考证："蒲蛮，一名扑子蛮"，"景谷、普洱、思茅、西双版纳、澜沧、临沧、保山等地都有蒲蛮族。"这些蒲蛮族便是今天的布朗、佤、德昂等民族的祖先，他们是生活在澜沧江流域的古老土著，是最早种植茶叶的民族。民族学家马尧认为，布朗族和崩龙族（今德昂族）在历史上统称为扑子蛮，其擅长种植木棉和茶树。至今，德宏和西双版纳还有1000多年历史的茶树可能为布朗和崩龙（德昂）祖先种植；在布朗族中，还有关于一千年前布朗族祖先提倡种茶的精彩故事和民歌，传说布朗族先民将野茶视为一道菜，称为"得责"，栽培驯化后的栽培茶则称为"腊"。布朗族在"腊"（茶）采摘回来后，会经过锅炒、手揉、暴晒后食用，具有提神止痛、消炎解毒、生津止渴、暖胃祛寒等功效。

普洱茶的种植和加工方法也具有原生态的特点。少数民族在长期的生存和发展过程中，形成了崇尚自然、亲近自然、保护自然的生态观念。云南地区的人民在种植普洱茶时，会选择山区避开森林，以此减少对森林植被的破坏。在雨季来临前，茶农将茶树枝条插进树林的空隙地中，逐渐就形成了古茶树林，这种传统的栽种方法不施肥、不打农药，不用管理，森林中的大树为茶树遮阳，天然的生态系统为茶树的生长提供了良好的环境。普洱茶的传统生产工艺更加简单，采摘完新鲜的茶叶后，先摊开晾晒去除鲜叶中的一部分水分，之后在热锅里翻炒去除鲜叶的青味，然后用手揉搓使茶汁外溢，便于冲泡出普洱茶浓郁的滋味，最后在阳光下自然晒干利于储存。在制作过程中，普洱茶会产生不同的风味，不添加任何添加剂也能成为一种老少咸宜的健康饮品。

如今，在几千年的生产和社会生活中，普洱茶已经融入云南各民族的礼仪、祭祀和婚姻活动中，在不同民族的社会生活中均有着重要意义。各民族对茶的崇敬和信仰，以及自身生产劳动与社会生活的结合，形成了自己民族鲜明的祭祀文化。云南的许多少数民族至今仍保留着祭祀茶祖、茶神的习俗，且各少数民族在种茶用茶方面都有自己独特的传统方式，形成了具有民族特色的茶艺茶俗；在少数民族口口相传的古老传说中，都有先民如何发现和使用茶的感人故事。各民族以茶为基础创作的诗歌、故事、传说等民间文学，以及祭祀、茶艺、茶俗等仪式，都具有原始的民族文化特征。

（三）多样性

普洱茶文化是云南民族适应生活环境的产物，与云南的自然地理、民族文化有着密切的联系。由于地理环境，不同民族的实践方式、生产方式和生活方式的不同，各民族的饮茶习俗、用茶方法、茶树崇拜习俗也形式各异。我国云南地区广泛分布着众多少数民族，不同民族有自己的饮茶风格，如傣族的竹筒香茶，布依族的青茶、打油茶，哈尼族的蒸茶、烤茶、土罐茶，布朗族的酸茶、烤茶、青竹茶，彝族的烤茶，苗族的米虫茶、青茶、菜包茶、油茶，基诺族的凉拌茶和煮茶，拉祜族的烧茶和盐巴茶，佤族的铁板烧茶和擂茶，白族的三道茶，傈僳族的油盐茶、雷响茶，藏族的酥油茶、甜茶、奶茶，纳西族的龙虎斗，景颇族的竹筒茶、腌茶。每一种饮茶方式都融入了各民族的生产方式、生活习惯、思想观念、伦理道德，有着自己独特的程序和风俗习惯，充分体现了普洱茶民族文化的多样性。

普洱茶民族文化的多样性也体现在普洱茶产品花色的多样性上。从茶叶的外观来看，有散茶、沱茶、得茶、团茶、把把茶、辫子茶等。无论是茶叶加工程度，还是普洱茶的表现形式，均体现了各族人民的智慧与能力，体现出普洱茶民族文化的多样性。

（四）亲和性与兼容性

在长期的文化交流中，云南各民族相互影响，发展了各自的文化，形成了"和而不同"的文化氛围。对这些不同的文化进行吸收、融合，便形成了独特的普洱茶民族文化。从亲和性的角度来看，云南民族文化体现了崇尚团结的社会价值观。例如，云南各民族杂居，一座山或一个地区通常有多个不同的民族，这些民族生活在一起相互尊重、相互包容，充分体现了云南民族文化的亲和性。这种亲和性和兼容性在普洱茶民族文化中体现得也非常明显。云南各民族不仅淳朴好客，以茶敬客、以茶致意、以茶抒情的价值观，都体现在各民族的日常风俗习惯中。从兼容的角度来看，不同民族的茶文化相互影响、相互借鉴，也保持着自己的特色。

千百年来，普洱茶一直深受广大人民群众的喜爱，促进交往交流交融、增强团结的理念在普洱茶文化中得到了很好的体现。如今，现代社会对于物质欲望的追求更加强烈,生活节奏加快、竞争压力加剧,使人与人之间的交流变得迫切。而普洱茶文化在云南少数民族地区的表现则更为悠闲淡泊,能让人紧张不安的心灵变得放松平静。在自然质朴中以礼待人,在热情好客中奉献爱心,和谐相处,相互尊重,相互关心,这便是普洱茶民族文化真正的内涵。

三、普洱茶民族文化精神

普洱茶文化与云南各民族的民族意识、民族气质、民族品格水乳交融,形成"和、敬、朴、真"的民族文化精神,不仅包含了云南各民族传统思想、伦理道德及世界观、价值观,而且反映了当代人对人生价值、崇高理想的追求。

(一)和

"和"字的寓意是渴望安定、平和的幸福生活。"和"是中国哲学中一个很重要的概念,主要就是代表"和谐"的意思;"和"本身已经包含"合"的意思,就是由相和的事物融合而产生新事物,这已经不仅仅是平等相处了,而是更进一步的——不同事物互相依存,彼此吸取营养的意思,即"相生"的理念;通过以"和"为本质的茶事活动,创造人与自然的和谐以及人与人之间的和谐。茶文化关于"和"的内涵既包含儒、释、道的哲学思想,又包括人们认识事物的态度和方法,同时也是评价人伦关系和人际行为的价值尺度。

第一,"和"是中国茶文化哲学思想的核心。比如,古人提出的"中庸之道""茶禅一味""天人合一"等哲学思想,既是自然规律与人文精神的契合,也是茶本性的体现,还是特定时代文人雅士人生价值追求的目标,高度体现了中国茶文化"和"的精神境界。

第二,"和"是人们认识茶性、了解自然的态度和方法。茶,得天地之精华,集山川之灵秀,具有"清和"的本性,这一点已被人们在长期的社会生产生活实践中所认识。陆羽《茶经》中在煮茶风炉制作时提出的"坎上巽下离于中"与"体均五行去百疾",就是依据"天人合一""阴阳调和"的哲学思想提出来的。陆羽把茶性与自然规律结合起来,表达了"和"的思想与方法。煮茶时,风炉置在地上,为土;炉内燃烧木炭,为木、为火;炉上安锅,为金;锅内有煮茶之水,为水。煮茶实际上是金、木、水、火、土五行相生相克达到平衡的过程,煮出的茶汤才有利于人的身体健康。另外陆羽对采茶的时间、煮茶的火候、茶汤的浓淡、水质的优劣、茶具的精简以及品茶环境的自然等的论述,也无一不体现出"和美"的自然法则。

"和"字有许多意义,就饮茶人来说,"和"就是和诚处世,要给人体生理心理的融合,在进饮茶场所要和畅,做人要温和,助人为乐,才可以达到茶德的和好。饮茶也是人际交往的桥梁,要和睦相处,和衷共济,和平共处,增进人情向上,世间永处和平。不但外表和,同时内心要诚,把和诚结合起来,才可以使茶德达到完善。普洱茶文化作为中国茶文化宝库中的一朵奇葩,已有近两千年的历史,明代就有"士庶所用,皆普茶也"的盛况。普洱茶文化在物质层面,以其香醇甘润的怡人口感,温暖人体的肠胃,赶走人体内多余脂肪,努力平衡人体血压、血糖、血脂等;在精神层面,它以质朴、和谐的特定文化心理和道德规范,温润人的精神世界,令人感悟生存境界,将浮躁心理归于平静,将不平衡心理归于平实。普洱茶文化千余年来,惠泽天下众生,无论平民百姓,或是王公贵族,都得其润泽。在当代社会交往中,人们走亲访友,礼尚往来,象征着礼诚、纯情、真意的"和谐饮品"普洱茶,总能充当友好的化身和亲善的"使者"。

(二)敬

普洱茶民族文化当中的"敬"精神,意味着对天地的敬畏,对长辈的尊敬,对友人的礼敬。在普洱茶民族文化当中提倡用普洱茶来代表礼仪,在表达礼仪的过程中依托茶精神进行,表达出主人的敬意、仁爱。在少数民族待客之道中,主人会针对不同客人的特点来选择合适的茶进行招待,在泡茶的过程当中要当着客人的面清洁茶具,这都是"敬"的直观体现。无论是过去的以茶祭祖,还是今日的客来敬茶,都充分表明了上茶的敬意。久逢知己,敬茶洗尘,品茶叙旧,增进情谊;客人来访,初次见面,敬茶以示礼貌,以茶为媒介,边喝茶边交谈,增进相互了解;朋友相聚,以茶传情,互爱同乐,既文明又敬重,是文明敬爱之举;长辈上级来临,更以敬茶为尊重之意;祝寿贺喜,以精美的包装茶作礼品,是现代生活的高尚表现。

同时普洱茶也是少数民族婚礼、生育、祭祀、待客等不可缺少的一部分。总之,各个民族人民通过普洱茶沟通、联系,加强彼此之间的亲近与友谊。

(三)朴

普洱茶民族文化精神中的"朴"指本质、本性,《老子》中有言"见素抱朴,少私寡欲",而张衡《东京赋》中也有"尚素朴"。古代文人大多数向往自然,推崇回归山水的质朴本性以及恬静随性、明心见志的修行状态,崇尚自然是以简为德、心静如水、怡然自得、返璞归真。古人认为万事万物的原始状态是朴,人之心境最为纯粹便是质朴,认为人应该遵循自然的规律,真切地体会到事物原本的自然之美,才能获得个体的解放和自由。

云南各少数民族茶文化正是深得自然之性。取之自然、源于自然、归于自然的属性都是那么的本真,体现在茶的种、采、加工、储存、运输、饮用都以取之自然为最高境界,而在各民族的饮茶习俗中同样处处体现着人与自然的和谐美。许多少数民族的传统特色及艺术的创造受人欢迎,人们的兴趣不仅仅在于新鲜,还与其朴实、好客和质真的内涵相关。例如,吃竹筒饭、喝竹筒酒、饮竹筒茶风俗在佤族人民生活中很平常,为古朴民风,沿袭至今没有改变;傣族人民以茶为礼,凡事必有茶,凡客人到来必用茶水招待,以示主人热情好客、通情达理;侗族有"贵客进屋三杯茶"的礼仪,用油茶待客是侗族人民的一种好客习惯。

(四)真

普洱茶民族文化精神中的"真"指本原、本性,精诚、诚心实意等,如《庄子》中"谨守而勿失,是谓反其真","真者,精诚之至也",《汉书·杨王孙传》中"欲裸葬,以反吾真",《文子·精诚》中"夫抱真效诚者,感动天地,神踰方外"。故为真理之真、真知之真,至善即是真理与真知结合的总体。饮茶的真谛,在于从茶的清醇淡泊中品味人生,使人进入一种神清气爽、心平气和的心境。

云南各少数民族是普洱茶文化发展的亲历者和见证者,对茶文化的贡献主要体现在对茶的发现、驯化和利用上。云南少数民族深知一切源于自然、归于自然的属性即是本真。茶树种植者讲求的真,包括茶的自然本性之真、种茶的环境之真和茶树种植者的性情之真。茶的自然本性之真是茶树种植者对茶持有的基本态度,茶叶的天然性质为质朴、淡雅、清纯之物;种茶的环境之真是指在育茶、养茶、选茶过程中对环境的严格要求,在茶的种、育、采环节都以自然为最高境界,既有大区域的统一,又有小区域的个性化发展;茶树种植者的性情之真是回归自然之本心。茶树种植者正是基于茶之本真、环境之真及性情之真,在敬畏生命、尊重自然、与自然和谐统一中,与普洱茶共生共存。例如，各少数民族利用茶树鲜叶制作的竹筒茶、姑娘茶、腌茶、凉拌茶和姑娘茶等，体现了本性之真。布朗族人一生与茶密不可分，他们的生活大多与茶、竹子有关，屋前屋后总要种上一些茶树和竹子，体现了环境之真。布朗族每年傣历六月中旬举行的祭茶祖（又称为茶祖节），祭祀先祖以表达对祖先的感恩之心以及敬仰之情，体现了性情之真。贵真，既是保有最原始初心的本性之真，又是融入茶树种植者的性情之真，还有保护生态纯质的环境之真。

第三节　普洱茶民族文化的表现

民族文化是某一民族在长期共同生产生活实践中产生和创造出来的能够体现本民族特点的物质财富和精神财富的总和。民族文化的表现形式有物质文化和精神文化，精神文化又包括语言、文字、文学、科学、艺术、哲学、宗教、风俗、节日和传统，反映着民族的历史发展水平。云南少数民族众多，又是出产普洱茶的地区，这里的百姓世代与茶同存，普洱茶也进入了他们生活的方方面面，普洱茶礼丰富多彩，普洱茶俗不可或缺，因此，普洱茶也是云南各民族文化中的宝贵财富。

一、普洱茶民族茶礼

普洱茶茶礼贯穿于少数民族生活的方方面面，普洱茶茶礼的利用和延续也给普洱茶文化增添了一份色彩，其表现形式丰富多彩。少数民族在长期的社会生活中，逐渐形成的以茶为主题或以茶为媒介的习惯和礼仪。不同民族茶礼的内容和特点不同，但都以普洱茶为主体，以普洱茶文化为媒介，满足人们的品饮需求，也满足人们的心理需求，更在饮茶过程中体现出民族礼仪和茶文化精神。普洱茶茶礼应用在少数民族生活的各方面，有人生茶礼、祭祀茶礼、日常茶礼等。

（一）人生茶礼

人的一生有五个重要阶段——"通礼""冠礼""婚礼""丧礼""祭礼"，

普洱茶在其中扮演了重要角色。人的一生漫长却又短暂，在每一个精彩的人生阶段都值得用不同的方式来记录。少数民族丰富多彩的文化融于其中，用普洱茶展示不一样的礼节，给一生的重要时刻都留下了印记。

1. 诞生茶礼

茶礼在诞生礼中运用广泛。古代中国生儿育女、传宗接代，是人们根深蒂固的观念，婴儿的"诞生礼"极其重要，并形成了很多相关的礼仪，体现了人们对新生命的重视和关爱。婴儿从出生到满一周岁，礼仪活动频繁多样，不同的民族举办的时间和表现形式各有差异，而很多少数民族把茶作为该礼仪的表现物之一，给新生儿带去祝福。

德昂族：在生命周期仪式中，德昂族的孩子出生后，父母会送茶叶与烟草的组合，并邀请村里一位有威望的老人给孩子起名字。

白族：白族孩子出生满一个月后会请"满月客"，前来祝贺的亲友会送大米、茶、酒、糖，祝福小孩在今后的生活中不愁吃喝，幸福美满。主人招待宾客要喝清茶一杯，如果生的是男孩，还要在家里立一支火把，并请客人喝甜茶、吃炒豆。

纳西族：在小孩出生后一百天时，纳西族父母会请"祝米客"，前来祝贺的人要送来茶叶等物祝福孩子。

哈尼族：会专门为出生的孩子举行一种具有祝福性质的活动——贺生礼（有的地区称"门生礼"）。贺生礼上会泡一杯清茶加冰糖让孩子浅尝三口后，把孩子抱到门外见天地及万物。

傈僳族：傈僳族小孩出生后，亲朋好友都会前来祝贺，主人会在火塘边取出小土罐烤茶，制作油盐茶接待宾客，以表谢意。

2. 成人茶礼

成年也是人生中的一个重要阶段，德昂族十四五岁少男少女会收到"首冒"（男青年首领）、"首南"（女青年首领）送的一小包茶叶，作为他们进入成年的标志和象征，这茶就是成年礼茶。古时的纳西族少年到13岁时要举行成人礼，举行过相应仪式后他们就可以喝茶饮酒，进行社交活动。现居住在丽江市宁蒗彝族自治县的纳西族摩梭人还保留着成人礼的仪式。

3. 婚嫁茶礼

普洱茶用于婚礼及与婚礼有关的一系列活动中，不仅是普洱茶文化的重要组成部分，也是民族茶俗文化的特殊展现。茶文化渗透于各族人民的婚俗中，并逐渐形成形形色色具有象征意义的茶礼茶仪。

（1）恋爱茶礼。哈尼族男女青年在谈情说爱时也用茶叶来传情。一个小伙子爱上了一个姑娘，就会摘7片茶叶，用一种称作帕别帕洛的灌木叶包好后，用一根泡通线拴住，找机会送给姑娘，姑娘接到此物后就知道了小伙子的用意。如果姑娘有意与小伙子建立爱恋关系，就会解开泡通线当面把茶叶吃下去；如果她不愿意，则会用力把线拉断转过身去，用左手递还给小伙子。姑娘吃下茶叶后就要跑开；小伙子则回到家邀请寨中有影响的长者陪他到姑娘家求婚，去求婚时需要带上一些礼品，礼品中绝少不了茶叶。当晚，姑娘要给自家的父母及求婚者烧水泡茶和煮饭烧菜。另外，德昂族青年男女若是情投意合时，也会互送一包茶叶私定终身，这茶就称为定情茶。

（2）定亲茶礼。布朗族青年男女相好并经双方父母同意后，男方父母要请一位老人为媒，携带酸茶与盐巴等去女方家定亲。女方父母接礼后，把酸茶叶、盐巴等分成若干包，分送给本族和本寨的亲友，算是通知大家，自己的女儿已订婚。云南丽江纳西族男女定亲礼物一般是酒一坛、茶两筒、糖四至六盒、米两升、盐两筒，茶与盐表示"山盟海誓"之意。

独龙族则进行订婚"下茶"。提亲时小伙子会请能说会道的男子去女方家说婚。说婚人去时都要提上一个茶壶，背囊中背上茶叶香烟和茶缸，到姑娘家先在茶缸中泡好茶，再倒入从姑娘家碗柜里拿出来的碗中，按顺序敬给姑娘的家人们，最后给姑娘自己。只有等姑娘父母将茶一饮而尽了，姑娘和其他人也将茶喝了，这门亲事才算成了。而白族男女订婚要下聘礼，俗称"四色水礼"，即红糖、香茶、大米、酒。新郎进屋后，先向岳父、岳母敬礼，然后在堂屋等候，由女方的陪娘先敬新郎蜂蜜茶，再敬用松子和葵花子拼成的一对蝴蝶泡在红糖水里的蝴蝶茶，祝贺新婚夫妇白头偕老、恩恩爱爱。

（3）结婚茶礼。"茶不移本，植必生子"，以茶行聘，婚姻美满幸福。布朗族男女订婚都要以茶为礼，茶礼成为男女之间确立婚姻关系的重要形式。云南楚雄彝族在结婚当天，女儿出嫁时需向亲友敬茶，第二次由新郎敬茶，最后新郎新娘给迎、送亲者敬茶。白族青年结婚时，新郎把新娘接到家中，新娘要先后给长辈献上苦茶、甜茶，蕴含人生苦尽甘来的意思。新郎、新娘进洞房后，人们给他们献上意为先苦后甜的苦茶和甜茶。结婚当天新郎、新娘家都会设置专门的茶房，用来接待宾客，安排专人烧水、泡茶、倒茶、敬茶给客人。第三天，新郎、新娘共同到堂前三拜祖宗及父母，向亲戚长辈敬茶敬酒。

茶在拉祜族的整个婚嫁过程中都是不可或缺的。云南永德县拉祜族群众举办婚礼时，媒人要为新郎新娘配茶。婚礼开始前，媒人要先泡好茶，然后左右手各持一杯茶，双手架成"×"形，将右手茶水喂给跪于左方的新郎，将左手茶水喂给右方的新娘。新郎新娘喝过媒人配好的茶，接受媒人的祝福后，方才站起来。用炒熟的芝麻和蜂蜜泡茶招待宾客，蜂蜜芝麻茶寓意未来家庭生活如蜂蜜般甜美。

在保山市永昌一带的傈僳族举行婚礼过程中，新郎把新娘接到家时，还有喝红糖油茶的习俗。喝红糖油茶时先要喝一杯味道很浓的罐罐烤茶，再喝红糖油茶，以祝贺新人先苦后甜，同甘共苦。

4. 丧葬茶礼

普洱茶礼在许多少数民族的丧葬仪式中也有反映。丧葬仪式中的茶文化有多种表现形式，具有多种象征意义及文化内涵。如白族的老人如果不是自然去世，而是意外离世，要趁死者身体尚未僵硬时，在其口中放入米粒、茶叶和少许碎银，表示死者在阴间仍然衣食富足。举办丧事期间，要给夜间守灵的人喝姜茶，用以驱寒、提神。在纳西族丧葬习俗中，老人去世的第二天五更鸡叫时，要用茶和鸡肉稀饭祭祀死者亡灵。祭拜用的茶和鸡肉稀饭有请已去世的人起来喝茶、吃完早餐好上路之意。这种"鸡鸣祭"的礼节，表达了晚辈对死者的深深怀念之情。丧事期间守灵的亲戚朋友和白族群众一样要喝姜茶，以驱寒、"增加阳气"。

傈僳族老人正常去世后，同村寨的亲朋好友都会前来帮忙办理丧事，吊唁老人。此时，主人家会安排专人烤浓茶，请村里前来帮忙的朋友喝浓茶汤。浓茶汤味道苦涩，一来解热避暑，二来喝苦涩的茶汤表达对逝去亲人的哀伤、怀念之情。

德昂族办丧事更离不开茶叶。出殡时，每走一段路家属就会在路边放上两堆茶叶，以示告别阳间。这是一种心灵寄托，也是亡者家属的心理调适。

（二）祭祀茶礼

普洱茶作为礼仪互动中的重要媒介，促进了各民族间个体的交流和融合，在生者和死者之间充当了情感传递的符号。普洱茶通过不同形式的茶礼向外传播，对大家认识普洱茶发挥了重要作用。祭祀是很多民族的重要活动，人们通过信仰与仪式活动，找寻心灵的寄托和内心的平静，提醒人们勿忘本、勿忘根。以茶祭祀、以茶祈福是普洱茶区民族共有的特征。少数民族在不同的礼节上，用茶的寓意各有差异。祭祀礼中通过各种形式来展现对逝者的尊敬或美好的祝愿。在少数民族地区，很多民族有着原始朴素的信仰，相信万物皆有生命，他们对待自然与万物充满了崇敬。

布朗族的祭祀茶礼极为丰富，祭万事万物，茶叶在他们的祭祀活动中是必不可少的。在彝族人民看来，人入葬之后，仍有衣食之需，因此茶就理所应当地成了祭祀亡故之人的祭品。白族每逢传统节日"三月街"，会用茶、大米、糖等作为供品祭祀先人。此外，拉祜族、基诺族等少数民族的祭祀活动中，茶叶都是必不可少的，这好似是他们与逝者的联结之物，可以带去美好祝愿或作为情感依托。

此外，在一些重要的祭典活动中，哈尼族群众的祭品也离不开茶。逢年过节，哈尼族群众都会祭祀祖先，祭品中有米、肉、盐，以及茶与酒这两个永远不可少的祭品。布朗族每年也有祭拜茶祖的习俗。景迈山的布朗族在每年四月十三日聚集在茶祖广场，祭祀祖先，通过祭祀表达对祖先的怀念与崇拜，并请求祖先保佑一方平安。祭茶祖当日，全村的男女老少都身着节日盛装前往古茶山祭拜。祭拜茶的地方位于古茶山的深处，一片广袤的原始森林，高大树木遮天蔽日，和原始森林相生相伴的是成片的古茶树。祭祀茶祖的仪式正式开始时，族人都朝着茶祖帕岩冷塑像行大礼，对赋予他们生命和希望的古老茶山顶礼膜拜，给先人敬上糯米饭、糌粑、蜂蜡香、礼钱等，以此来祈求幸福吉祥。

（三）日常茶礼

普洱茶茶礼在少数民族的日常生活中随处可见，普洱茶成为交往时的重要媒介，是他们生活中不可或缺的部分。

1. 敬老茶礼

普洱茶生长于具有千年历史的文明古国，在我们这个各民族都有尊老敬老传统美德的国家，各民族中敬老茶礼也多有体现。逢年过节的各种宴席上，人们都把老人请到上等座位；按照佤族的饮食风俗，家里煮的第一壶茶或第一罐茶必须先敬给老人喝，然后其他人才能依次煮着喝。这些习俗在佤族家庭中不能随意违反。景颇族也有此礼。每年采春茶季节，男青年上山采春茶、舂春茶，敬给本族的老人，这是景颇族的社会传统美德。

2. 待客茶礼

古老的布朗族十分好客，好客的主人都会手捧一杯热气腾腾的茶，敬献到客人的手中，这杯茶称为迎客茶。布朗族竹楼的火塘边，常年放着一把大茶壶，当客人坐定后，茶水已经煮沸烧开，一个个用竹子制作的茶杯，盛满茶水奉送到每位客人手中。傣族人民以茶为礼，凡事必有茶。凡客人到来必用茶水招待，以示主人热情好客、通情达理。泡出的第一泡或第一杯茶，必须先敬长者或德高望重的人，其次是敬客人，最后才倒给自己喝。敬茶时，必须双手敬奉，一只手敬奉则认为有失恭敬。老人、客人都在时要一直不断地添茶倒水，慢慢品啜。这体现了傣族人民尊敬长辈、尊敬客人的传统美德。豪爽大方的彝族在节庆、宴飨之时，都以茶为贵，都会用茶待客。喜庆之日宾客满座，主人用核桃仁、米花加茶叶，冲泡成香气扑鼻、祛痰润肺的核桃米花茶以迎接宾客。

家里来了客人，好客的怒族总喜欢用盐巴茶、漆油茶或酥油茶款待，其中漆油茶被视为上礼。如果谁家未能让客人喝上一口漆油茶，会被认为待客不恭而受到取笑。傈僳族、拉祜族欢迎客人到来的第一件事也是为客人倒茶倒水，傈僳族人民一般用罐罐茶来招待客人。白族在待人接物中，茶的应用更是广泛。客人进门，要煨"烤茶"来接待宾客；每逢家中有大事或远方来了朋友，白族人民就用"三道茶"待客。

3．社交茶礼

"茶请柬"，是传递布朗族社会重大活动信息的一种重要礼仪，收到请柬的人，必须按时参加这项活动。在德昂族生活中茶是非常常见且珍贵的必需品。日常生活中，探亲访友时，见面就是一包"见面礼茶"；当有亲戚或好友来访时，主人会精心奉上迎客茶、敬客茶，客人走时则以送客茶表达对客人的不舍。傣族走亲拜友必须带上茶叶作为礼品。在傣族的习俗中，把茶叶当礼品馈赠是行大礼，送茶好比送了一件生活之宝。在景颇族山寨，每当有贵客临门时，主人要到寨门将客人迎进茶房，邀约客人于火塘边就座，主人随即开始烹茶待客。

4．乔迁茶礼

普洱茶在人民的乔迁之仪中也有体现。如德昂族在建新房时，首先会用茶叶在地基四周撒上一圈，祈求安乐；其次，挖地基时，要埋上一包茶叶，以求人畜兴旺；最后，建房子时，要在横梁上挂一包茶叶，以消除灾难。这是德昂人对生活的祈求。

二、普洱茶民族茶俗

云南是出产普洱茶的地区，这里的百姓世代与茶同存，茶也进入了他们的生活，形成了丰富多彩的茶俗。正是基于求生求存的自然本能，少数民族先民们在寻求各种可食之物、可治病之药的植物采集过程中与茶相遇，进而发现了茶的价值，开始了茶的利用。他们把茶叶从野生茶树上采摘下来后直接放入口

> 普洱茶艺术

中咀嚼，或加水煮饮，或与其他蔬菜一起煮后饮用，使茶成为少数民族赖以生存的重要物品，并将茶融入生活，应用在婚、丧、嫁、娶、祭等方方面面。在漫长的历史发展进程中形成了丰富多彩的饮茶习俗。不同的民族往往有不同的饮茶习俗，同一民族也因居住在不同的地区而有不同的以茶为药、以茶为食、以茶为饮的茶俗。

（一）以茶为药

以茶为药是保持着祖先最早发现茶、开始利用茶的方式。茶的疗效很早以前就被认识到了，云南部分少数民族有以茶为药的习俗。有关茶疗的起源，人们一般认同《神农本草经》所说的"神农遍尝百草，日遇七十二毒，得荼（茶）而解之"。这是四五千年前的母系氏族社会，正由采集渔猎经济向原始农业转变，茶叶和其他食用植物一同被采集，既是食物，又是药物，这便是中华饮食文化"茶食同源""医食同源"的大传统，在西南地区的茶俗中，都保留了这一传统。由此可见，人们最初在食茶的同时，也把茶作为一种药。

如古代的傣族制作沽茶，明代钱古训《百夷传》记载："沽茶者，山中茶叶。春、夏间采煮之，实于竹筒内，封以竹箬，过一二岁取食之，味极佳，然不可用水煎饮……先以沽茶及蒌叶、槟榔进之。"蒌叶又称篓子、药酱，胡椒科，近木质藤本，节上常生根，叶互生，革质，宽卵形或心形，原产于印度尼西亚，我国南方广泛栽培。藤叶入药，祛风止喘，叶含芳香油，有辛辣味，裹以槟榔咀嚼，据说有护牙的作用。清代的傣、白等民族采制一种普洱茶——团茶，能消食理气、去积滞、散风寒等。

在云南，以茶为药的食茶习俗至今在某些民族仍有遗存。例如，德昂族的盐腌茶又称水茶，既可解渴又可治病；布朗族的酸茶，据说可解渴，助消化；在滇西北高原生活和居住的纳西族的"龙虎斗"，即用酒泡茶以达到驱寒、保健的功效。

（二）以茶为食

云南少数民族中仍然保留着较为原始的以茶为食的方式。当茶树最早被古濮人发现并种植后，茶是用来吃的，茶是菜、茶是药、茶是生活。如今，雅致的品茶已成为主流，但是古老的吃茶遗风在云南很多民族中仍保留了下来，以一种活态的历史见证着茶叶从食用到饮用的变化。

居住在西双版纳州景洪市基诺山的基诺族,直接将新鲜嫩茶叶凉拌生吃。当地凉拌茶的吃法有多种:其一是将茶树鲜叶揉软搓细放入大碗中,配以油盐以及黄果叶、辣椒、大蒜、酸笋、酸蚂蚁、白生,加矿泉水搅拌均匀即食,基诺语为"拉拨批皮";其二是舂吃,即把揉制好的茶叶加入野菜作料后,放进竹制舂槽内捣细而食;其三是将揉制好的茶叶用蘸水或剁生蘸着食用,这种菜肴辛、酸、辣、咸、苦,但同时透出一股诱人的鲜香、甘甜,美味可口。

德宏州的德昂族、景颇族则会做"腌茶"。腌茶一般在雨季,鲜茶叶采下后立即放入灰泥缸内,压满为止,然后用很重的盖子压紧,数月后将茶取出,与其他香料相拌后食用;也有用陶缸腌茶的,采回的鲜嫩茶叶洗净,加上辣椒、盐巴拌和后,放入陶缸内压紧盖严,存放几个月后,即成"腌茶",取出当菜食用,也可作零食嚼着吃。

布朗族制作和食用酸茶的历史悠久,在每年五六月制作"酸茶"。将刚采来的新鲜茶叶煮熟,然后把茶叶放在阴暗处十余天让其发酵后,装入竹筒中压紧封严,埋入土中,几个月甚至几年后,将竹筒挖出,破竹取茶,撒上盐巴、味精、花椒、辣子,拌均匀,就成了酸茶。酸茶清香酸涩,具有解暑助消化的功效。

居住在滇东北乌蒙山上的苗族,食用独特的菜包茶,即以菜叶包裹茶叶。先将体积较宽大的新鲜青菜叶或白菜叶洗净,把茶放于菜叶之中,严严实实地包好,再置于火塘的热灰尘中焐,经过这样的焖制,茶叶所具有的极强吸附异味的能力就把菜叶的香味纳入其中。焐的过程中,还在表面加入炭火,待时间到,茶叶干燥,从灰中取出,弃除菜叶,将热气腾腾的茶叶装入杯中,冲入开水,立即散发菜茶混合的香味,味道也十分鲜美。

(三)以茶为饮

以茶为饮是最广泛的用茶方式。普洱茶区的民众终日与茶为伴,饮茶对于他们而言,不仅是为了解渴,更是实实在在的生活。居住在普洱茶区一带的少数民族,很多地方海拔高,昼夜温差大,为消除寒气,屋里常年生有火塘,火塘里的火焰终日不息,如哈尼族民歌所唱:"在哈尼的房屋里,没有了火塘就不像家,火塘里没有了冒泡的茶水,就像吃肉没有了盐,稻田少了水,一个男人没有了婆娘"。因此,很多民族的饮茶也就离不开火塘。他们围着火塘开始一天的生活,休息时,全家人围着火塘聊天,同时将茶叶放入干净的土罐或土锅中烤炙,待有香气出来,再加满清水煮,茶叶烧开反复沸腾直到茶水只有罐子的一半时,茶汤金黄明亮,滋味浓醇,茶香浓郁带有一些糊香,然后分至茶碗或茶杯中饮用。烤茶滋味浓强,饮用后精神抖擞,茶区的很多人如果一日不饮浓茶,便觉手脚酸软,四肢无力。如果劳累一天后煮上一罐浓茶,喝上几口,立即心高气爽,精神倍增。因此,茶区广泛流传着"早上一盅,一天威风。下午一盅,干活轻松"的谚语。佤族、彝族等说的百抖茶,也是此茶,只是在烤茶过程中,反复翻抖茶叶罐以防茶叶烤糊,从而有"百抖茶"之誉。

云南产茶也产竹,很多山区到处布满野山竹,竹子与人们的生活也十分紧密,人们爱茶爱竹。傣族、布朗族、哈尼族等都有饮用青竹茶的习俗。当乡民在山里劳作,口渴想喝茶时,随手砍来野竹,一端削尖,插在地上,再另取竹筒装水在火上烧沸后放入茶叶,将茶叶煮数分钟,便倒入插在地上的竹筒中,就成了清甜、醇香的青竹茶。除了青竹茶,很多民族也制作竹筒茶,是将干茶叶塞进新鲜的青竹筒中,然后将竹筒在火上烤,烤的过程,茶叶吸收了竹子的清香,边烤边塞茶叶,直到竹筒中塞满茶叶,竹子也由青色变为黄色,然后将竹筒茶封存起来待数年后饮用,茶叶既有茶香也有竹香,深受各民族的喜爱。

茶不仅健体,也是民族地区人民生活的写照,日子就在一杯茶中悄悄流逝,宁静且美好。

(四)代表性茶俗

茶与各民族生存和发展息息相关,融入了各民族的民风民俗中,云南各少数民族都保留有各具特色的饮茶方式,形成了今天具有独特风韵的云南民族茶文化。

1. 佤族纸烤茶

佤族纸烤茶是 20 世纪 90 年代后才流传于佤族民间的一种烤茶方式,是一种新兴的佤族饮茶习俗,一般只有在重大祭祀礼仪活动时才饮用。"纸烤茶"即将茶叶放在特殊的纸上烤香后品饮。烤茶汤色或红褐或黄褐,滋味醇浓,茶水苦中有甜,焦中有香,饮后提神生津,解热除疾。

2. 拉祜族火炭罐罐茶

拉祜族人民最具特色的茶俗是烤茶"火炭罐罐茶"。烤茶,拉祜语称"腊扎夺",烤茶时将烧红的火炭投入茶汤沸滚的烤茶罐中而制成。这种烤茶香气浓烈,滋味浓醇,饮后精神倍增,心情愉快,具有独特的消食解腻作用,拉祜族人常常一天不喝茶就心情不悦。

3. 基诺族凉拌茶

基诺族是一个与茶叶密不可分的民族，其聚居地在基诺山。在基诺语中，茶称作"拉博"，"拉"即"依靠"，"博"即"芽叶"，即称茶是"赖以生存的芽叶"；另外，基诺人称茶树为"接则"，"接"指"钱"，"则"意为"树"，"接则"即"摇钱树"的意思。基诺族至今还保留有古朴的"以茶鲜叶入菜"的茶俗——"凉拌茶"。

4. 藏族酥油茶

藏族人民嗜好喝茶，几乎到了"无人不饮，无时不饮"的程度。藏族人民食物多以青稞面、牛羊肉和糌粑、乳、奶等油燥性之物为主，缺少蔬菜。酥油茶是一种在茶汤中加入酥油等作料，经特殊方法加工而成的茶汤。酥油茶热量极高，可以祛寒保暖、解饥充饭，也是接待亲友的绝佳应酬品。

5. 纳西族"龙虎斗"

纳西族人民非常喜欢茶，饮茶历史也十分悠久。"龙虎斗"是纳西族的特色茶饮，纳西语为"阿吉勒烤"，这是一种富有神奇色彩的饮茶方式。"龙虎斗"是一种特色茶饮，制作时先将晒青绿茶放入陶罐中烘烤至焦黄，再冲入热开水煮沸5～6分钟使茶汤浓稠。随后，在茶盅内放半盅白酒，冲入熬好的茶汁（不可将酒倒入茶汁）。饮用时，待茶盅中声响消失后一饮而尽。有时还要在茶水里加一个辣椒，这是纳西族用来治感冒的良方，偶感风寒喝一杯"龙虎斗"，浑身出汗后睡一觉就感到头不昏了，浑身也有力了，感冒也就神奇般地好了。

6. 傣族竹筒香茶

傣族的"竹筒香茶"又被称为"姑娘茶"，傣语称作"腊跺"。其外形呈圆柱，直径3～8cm，长8～12cm，柱体香气馥郁，具有竹香、糯米香、茶香三香一体的特殊风味，滋味鲜爽回甘，汤色黄绿清澈，叶底肥嫩黄亮。"姑娘茶"曾被列为傣族"土司贡茶"中的极品。

7. 白族"三道茶"

白族人民的"三道茶"白语称作"绍道兆"，最早见载于徐霞客所著《滇游日记》。白族但凡在逢年过节、生辰寿诞、男婚女嫁、拜师学艺等喜庆日子里，或是在亲朋宾客来访之际，都会以"一苦、二甜、三回味"的"三道茶"来款待。

8. 德昂族酸茶

酸茶是德昂族最具特色的茶饮，史书称之为"谷（或作沽）茶"。德昂族把采摘来的新鲜茶叶，放入竹筒里压紧，密封竹筒口，使之糖化后用。这类酸茶不必煎饮，而是从竹筒里取出放入口里咀嚼即可，茶味酸苦略甜。

9. 哈尼族土锅茶

哈尼族最具代表性的茶俗是土锅茶。平日里哈尼族在劳动之余，也喜欢一家人围着土锅喝喝茶水、叙叙家常，尽享天伦之乐。土锅茶，茶香味浓，茶劲很足，趁热喝下顿觉神清气爽。

10. 布朗族糊米茶

每当客人到来时，布朗族都会给客人献上焦香扑鼻、滋味醇厚的糊米茶，糊米茶茶汤呈橙黄色，浓浓的糯米和茶叶的焦香混合着淡淡的红糖的甜香，还有一缕淡淡的药味。

参 考 文 献

[1] 宛晓春，夏涛，等．茶树次生代谢［M］．北京：科学出版社，2015．

[2] 安徽农学院．制茶学（2 版）［M］．北京：中国农业出版社，2012．

[3] 杨学军．中国名茶品鉴入门［M］．北京：中国纺织出版社，2012．

[4] 吴远之．大学茶道教程［M］．北京：知识产权出版社，2011．

[5] 熊志惠．识茶、泡茶、鉴茶全图解［M］．上海：上海科学普及出版社，2011．

[6] 宛晓春．中国茶谱（2 版）［M］．北京：中国林业出版社，2010．

[7] 陈椽．茶叶通史［M］．北京：中国农业出版社，2008．

[8] 金刚．普洱茶典汇［M］．长春：吉林出版集团股份有限公司，2018．

[9] 王白娟，张贵景．云南普洱茶的饮用与品鉴［M］．昆明：云南科学技术出版社，2015．

[10] 杨中跃．新普洱茶典［M］．昆明：云南科技出版社，2011．

[11] 周滨．茶味的巅峰：普洱茶极致拼配艺术［M］．华中科技大学出版社，2021．

[12] 吴宗勤．当代绘画艺术和普洱茶［J］．美与时代，2008．

[13] 首届中国普洱茶乡书法艺术节组委会．首届中国普洱茶乡书法艺术节作品集［M］．云南出版集团公司，2007．

[14] 蒋婷．基于《中国十大茶叶区域公用品牌之普洱茶》分析普洱茶的文化特征及产业化发展［J］．中国瓜菜，2023，36（6）：150．

[15] 闫磊．云南地区普洱茶文化特征探讨［J］．云南农业科技，2022（2）：59-61．

[16] 黄桂枢．普洱茶文化与"世界茶源"［M］．中国经济出版社，2022．